中国人民大学重大项目"发展干预、自然资源管理与乡村转型——基于行动者导向理论的解读"

国家林业公益性行业科研专项"长汀红壤侵蚀区生态经济型植被恢复技术研究"（201304303）

刘金龙 李建民 龙贺兴 涂成悦 著

从生态建设走向生态文明

人文社会视角下的福建长汀经验

中国社会科学出版社

图书在版编目（CIP）数据

从生态建设走向生态文明：人文社会视角下的福建长汀经验／刘金龙等著.
—北京：中国社会科学出版社，2015.12
ISBN 978 – 7 – 5161 – 6719 – 9

Ⅰ.①从…　Ⅱ.①刘…　Ⅲ.①生态文明—建设—研究—
长汀县　Ⅳ.①X321.257.4

中国版本图书馆 CIP 数据核字（2015）第 169567 号

出 版 人	赵剑英
责任编辑	田　文
特约编辑	易小放
责任校对	曲　宣
责任印制	王　超

出　　版	中国社会科学出版社
社　　址	北京鼓楼西大街甲 158 号
邮　　编	100720
网　　址	http://www.csspw.cn
发 行 部	010 – 84083685
门 市 部	010 – 84029450
经　　销	新华书店及其他书店

印　　刷	北京君升印刷有限公司
装　　订	廊坊市广阳区广增装订厂
版　　次	2015 年 12 月第 1 版
印　　次	2015 年 12 月第 1 次印刷

开　　本	710 × 1000　1/16
印　　张	15
插　　页	2
字　　数	254 千字
定　　价	56.00 元

序

　　福建省龙岩市长汀县是客家人重要的聚居地，历史上山清水秀，林茂田肥，人们安居乐业。由于近代以来森林遭到严重破坏，长汀一度成为中国最为严重的水土流失区之一。1985 年，长汀水土流失面积达 146.2 万亩，占全县面积的 31.5%，不少地方出现"山光、水浊、田瘦、人穷"的景象。

　　改革开放后，福建历届省委、省政府高度重视长汀水土流失治理工作。1983 年，在时任福建省委书记项南的推动下，长汀县被列为全省治理水土流失的试点，拉开了长汀县治理水土流失的序幕。特别是从 2000 年起，在时任福建省省长习近平的亲自倡导下，长汀水土流失治理成为全省为民办实事项目，掀起了新一轮水土流失治理高潮。他五下长汀，走山村、访农户、摸实情、谋对策，并三次作出重要批示，长汀的生态治理样本，折射出其一以贯之的生态文明建设理念。

　　经过 30 多年的艰辛努力，昔日万壑贫瘠的"火焰山"，如今已变成造福百姓的"花果山"。长汀的成功实践，不仅是福建生态省建设的一面旗帜，也是中国南方地区水土流失治理的一个典范。在长期治理水土流失的实践中，长汀人民探索出一系列符合当地实际的有效做法，被外界冠以水土流失治理的"长汀经验"，为中国乃至世界水土流失治理探索积累了宝贵经验。

　　这些年来，介绍"长汀经验"的文章、著作不少，但以国际化语言和人文视角的却不多见。2014 年 9 月，在北京举办的"生态文明建设与长汀水土流失治理座谈会"上，中国人民大学刘金龙教授的发言让我耳目一新。

　　刘金龙教授一直从事林业经济政策、参与式林业和发展社会学的研究，是农村发展、参与式林业和自然资源管理政策专家。近年来，他倾心于长汀这片土地，率领团队深入到长汀县乡村，走访了大量的农户，以技术与制度变迁理论、森林景观恢复理论、森林治理理论和森林转型理论为指导，从人文视角、国际视角检视长汀经验，用学术语言阐述长汀经验，提出许多真知灼见，丰富了长汀水土保持和生态恢复的理论与实践，他的研究，对水土流失区的生态恢复具有重要借鉴意义。

长汀水土保持治理的成绩，饱含了一代又一代当地干部群众的汗水和一拨又一拨科技人员的心血。刘金龙教授请我给他的新书作序，我欣然应允。既表达我对所有关心关注龙岩这片发展热土的专家学者的由衷敬重，也希望更多专家学者关注长汀、关注龙岩，为龙岩发展出谋划策，贡献智慧和力量。

和世界许多国家一样，新中国近70年来的发展，也经历了从对自然蔑视、践踏、征服到回归、尊崇、敬畏的过程，这是历史的警示，自然的警示，是人类宝贵的物质和文化遗产。春秋时期，管仲在《管子·立政》中说，"草木不植成，国之贫也"，"草木植成，国之富也"。树繁枝茂，山野葱绿，碧水长流，田野飘香，土地和清水是人类生存繁衍的源泉，也是动物鸟兽们的家园。保持水土，造福人类，是全世界的共同行动。希望刘金龙教授的新著能成为世界了解中国生态文明建设的一扇窗口。

是为序。

梁建勇

（中共龙岩市委书记）

2015年7月1日

目　录

第一章 绪论

2012年1月8日，习近平同志在中央七部门调查组提交的题为《关于支持福建长汀推进水土流失治理工作的意见和建议》的调研报告中作出重要批示：……长汀县曾是我国南方红壤区水土流失最严重的县份之一，经过十余年的艰辛努力，水土流失治理和生态保护建设取得显著成效，但仍面临艰巨的任务。长汀县水土流失治理正处在一个十分重要的节点上，进则全胜，不进则退，应进一步加大支持力度。要总结长汀经验，推动全国水土流失治理工作（转引自陈丽珠，2015）。

我国是一个自然生态资源稀缺的国家，资源环境约束是我国现代化旅程必须直面的挑战。主要西方发达国家在工业化、城市化和社会快速转型阶段都曾发生过严重的环境污染和生态危机。英国、德国、法国、美国、日本在现代化旅程中或大规模输出人口进行殖民统治，或大规模输入资源，有效缓解了工业膨胀、消费激增等对资源环境的压力。中国是拥有五千年文明史的国家，也就是说，有五千年自然资源开发的历史。我国人均自然生态资源大幅度低于世界平均水平：人均耕地面积为全球人均的三分之一，人均水量是全球人均的四分之一，人均森林面积是全球人均量的五分之一。我国在海外的资源合作开发行动总是在国际非政府组织、媒体和发达国家智库镁光灯聚焦下开展，海外资源开发陷于重重掣肘。我国被涂鸦成国际"非法木材集散地"，在非洲的合作被指责为"新殖民主义"。因此，在现代化旅程中，我国农田、森林、水域、荒漠等自然生态系统的压力要远远超出发达国家同期的水平。

总体来讲，中华民族具有治山治水的优良传统，新中国成立后，我国政府十分重视生态建设和环境保护。1998年，长江、嫩江、松花江特大洪水唤醒了中央政府和全社会对生态问题的高度重视，恶劣的生态环境已经成为制约我国经济与社会可持续发展的根本性因素之一。世纪之交，在国家可持续发展战略和西部大开发战略推动下，中央政府推动了天然林资源保护工程、退耕还林（草）工程、环京津防沙治沙工程等六大林业工程建设，加大水土流失治理力度，实施森林生态效益补偿制度，中国开始了一个波澜壮阔的全国性的生态建设阶段。

我们应当坦然承认，在快速工业化、城镇化、全球化等现代化旅程中，我国也没能绕过环境污染和生态破坏这个阶段，出现了水土流失、森林减少、土地沙化、地质灾害频发、湿地湖泊萎缩等严重生态问题，甚至局部地区发生了严重生态危机。而上个世纪末和本世纪初开始的生态建设，则是在一定程度上被动应对面临的生态和环境问题。在党和政府的高度重视下，我国的生态建设取得了举世瞩目的成就，整体上减缓了生态环境进一步恶化的趋势，越来越多的地区生态环境正向好的方向转化。福建省长汀县是生态环境整体改善中的一个典型代表，森林覆盖率由1986年的59.8%提高到2012年的79.4%，水土流失率由1985的31.47%下降到2012年的9.71%。

随着我国社会经济发展不断深入，生态文明建设的作用和地位日益凸显。中国共产党第十八次全国代表大会报告指出：建设生态文明，是关系人民福祉、关乎民族未来的长远大计。面对资源约束趋紧、环境污染严重、生态系统退化的严峻形势，必须树立尊重自然、顺应自然、保护自然的生态文明理念，把生态文明建设放在突出地位，融入经济建设、政治建设、文化建设、社会建设各方面和全过程，努力建设美丽中国，实现中华民族永续发展。

生态文明建设是新一届党中央主动的战略选择，顺应了时代诉求，是实现中国梦的理性选择。改革开放以来的生态建设有哪些值得借鉴的经验和教训？如何将生态建设融入经济建设、政治建设、文化建设、社会建设各方面和全过程中？如何推动生态建设以实现生态文明呢？"往古者所以知今"。本书企图从社会经济视角检视改革开放以来长汀生态建设的旅程，为决策者、实践者和理论工作者提供长汀县改革开放以来探索上述问题的答案。

第一节　时代呼唤生态文明

近千年来，人与自然的关系似乎经历了一个轮回，从合二为一到一分为二。而今，人类处于一个过渡阶段，探索着哲学、人生、情感、生活方式、生产方式等新的革命，重新将人与自然合二为一。立于天地间的人类，正凝思这样一个问题——在这个星球上，人类只是暂居、客居，还是要永久定居？

世界主要发达经济体率先进入工业化，他们最先感受到工业文明所带来的问题。西方的环境危机触发了绿色或生态运动，产生了可持续发展理念。20 世纪 80 年代，人们对环境问题的思索超越了生态学范畴，生态运动成为集环保、和平、女权为一体的全球性政治运动。20 世纪 90 年代以来，欧洲绿色运动成为左翼政治流派中的主力。在后工业化时代，美国、日本、英国、加拿大、澳大利亚、法国等国家推动全球化进程，推动经济自由化、贸易便利化，强化国际知识产权保护，在金融、设计、专利、渠道、资源控制、企业管理服务等一系列环节实现了垄断。发达国家制定的环保高标准，促使本国高能耗工业向发展中国家转移，把发展中国家当作倾倒各种废物的垃圾场。至此，全球产业链条完成了新的布局。

尽管发达国家比发展中国家更有能力和社会基础建立一个更加亲自然的绿色社会，但在美国、英国、澳大利亚、加拿大等主张全球化和自由贸易的国家存在着路径依赖，难以形成主流的社会运动，难以形成政治决策推动生态文明或者类似的亲自然的发展战略。而中国、印度等发展中国家正在努力向发达国家学习，沿袭西方传统生产、消费和发展模式。中国抓住了新一轮全球工业布局大调整的机会，赢得了 30 余年的经济快速增长。由此，少数人信心爆棚，追求不受基本道德和社会规范约束的所谓自由，极大地影响到本来具有谦虚、谨慎、克己、勤勉等优良品质的炎黄子孙对自然、生命、人生、生活的理解。我们不得不承认，我国自然资源和环境已经到达极限，已经难以支撑依赖于资源和环境的经济发展方式。

在当今哲学、发展、生态系统、工业化等问题的研究、实践和社会运动或民众启蒙学习等方面，与北欧、北美，甚至日本、新加坡、南美等新型发达或发展中经济体相比，我们存在全面的差距。西方国家表现出对中国发展的忧虑。就笔者接触的西方学界来说，有学者就认为：中国走在一条被西方已经证明行不通的发展模式上，这将进一步加深全球资源环境和可持续发展领域的危机。然而，这些西方人明白，中国当下的发展模式也是少数西方人出于所谓的人权、自由、法制价值观，为了维护既得利益而与中国少数学界、商界和媒体界精英分子合谋的结果。

为了扭转不可持续的发展模式，中央把生态文明建设提升到与经济建设、政治建设、文化建设、社会建设并列的战略高度，生态文明建设是"五位一体"建设目标的组成部分。建设生态文明，是关系人民福祉、关乎民族未来的长远大计，是中国梦的重要组成部分。生态文明建设成为新一届中央政府政治承诺之一，从政治、制度、社会和文化全方位主动直面资源环境约束，必然会对实现中国梦以及实现中国梦的方式产生深刻的影响。

生态文明建设前无古人。在剧烈变迁、稍显急躁的时代，我们对如何构建中国生态文明社会的具体架构、哲学基础、制度安排、精神内涵等仍然缺乏基于实践的系统总结、探索和思考。这不仅需要接地气并融入构成中国文化底色的中国农业文明所形成的人与自然关系的哲学思考、基层治理安排，还需要适应和发挥工业文明所具有的生态、技术、组织和文化特点，借鉴、吸收西方发达国家和其他发展中国家对工业与生态、人与自然环境关系的反思。这种探索和总结，对于形成扎根中国又贡献于人类整体文明进步、形成中国在自然与人类关系领域的理论和道路自信，具有重要的理论和实践意义。福建省长汀县水土流失治理成功的实践就是一个难得的社会实验室，为我们开展上述研究，并贡献于生态文明建设的理论和方法提供了条件。

第二节　长汀县水土流失治理和植被恢复的历程回顾

长汀水土流失历史之长、面积之广、危害之大，一度居福建之首，被认为是中国南方水土流失最为严重的县份之一。长汀水土流失治理和植被恢复可追溯到 1940 年成立福建省研究院土壤保持试验区时，至今已有超过 70 年的历史，但真正有效的治理工作从新中国成立初期才开始，其水土流失治理工作大体可划分为起步阶段、相持阶段以及生态建设 3 个阶段（参见图 1 - 1）。

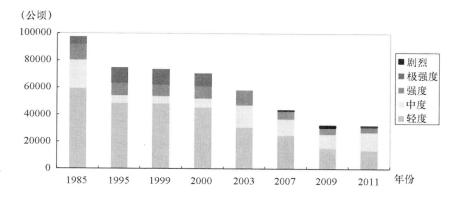

（公顷）

图1-1　长汀县分强度水土流失面积变化图

说明：（1）数据来源：长汀县水土保持局，内部资料；（2）2003年的极强度和剧烈的水土流失面积包含在强度的面积里，1985、1995、1999和2000年的剧烈的水土流失面积包含在极强度的面积里。

一　起步阶段

新中国成立初期至改革开放前是长汀县水土流失治理和植被恢复的起步阶段。1949年12月，长汀县新政权成立之初，就决定组建"长汀县河田水土保持试验区"，开展以群众性封山育林及植树造林为主的水土保持工作，涌现了一大批造林、禁山先进模范个人和农民小组。1956年6月，长汀县组织进行了河田地区水土流失调查。1958年，制定了《长汀县今后水利水土保持规划》，确定以河田为重点开展水土保持工作。到1958年末，9年累计造林4245公顷，封山育林12000公顷，修建水土保持谷坊60座，挖鱼鳞坑16万余个。大片山头出现了郁郁葱葱的幼林，不少地方招来飞禽走兽，开始改变昔日不闻鸟声、栖鸟不投的凄凉景象。1958年"大跃进"运动，全民大炼钢铁，出现了严重的大面积滥伐森林的情况，长汀县森林遭受到毁灭性破坏，前几年营造的大片即将成林的林木和水土流失治理成果毁于一旦，水土保持事业遭受严重损失。

1962年，中央作出了加强水土保持工作的指示，长汀县成立了"县水土保持办公室"，成立了"长汀县河田水土保持站"，主要结合群众性封山育林及植树造林进行水土保持工作。在河田镇建立了试验基地，开展了夏季绿肥、丘陵坡地耕作方式等技术研究，进行经济林果、茶叶等引种栽培试验，采用小台地、小水平沟整地及建土谷坊、石谷坊等工程措施，开展治理工作。据统计，1962—1966年，累计种植乔灌草2500公顷，开水平梯田107公顷，修建土谷坊1172座、石谷坊18座，水土流失治理取得较大成效。这一时期的治理与试验研究工作及成效，为后续的水土保持工作积累了宝贵的经验。

"文化大革命"期间，社会管理失控，乱砍滥伐、毁林歪风大兴，使长汀县森林资源遭受到新中国成立以来的第二次大破坏，各项水土流失治理工作基本停顿，水土保持事业再次陷于倒退。同时，长汀县大兴"向山要粮"之风，致使山林再遭破坏，水土流失状况继续恶化。

可见，本阶段处于水土流失治理的起步阶段，基本靠群众投工投劳，且治理工作因政治运动几经反复，收效甚微，但取得了一些相关工作的宝贵经验。

二 相持阶段

1980—1999年是长汀县水土流失治理和植被恢复的相持阶段。技术上采取以工程促生物、以生物保工程，以及人工客土施肥和高密度、多树种乔灌混交治理模式。1983年4月2日，时任福建省委书记的项南到长汀县河田镇视察水土保持工作，随后总结出著名的"水土保持三字经"。同年5月，省政府下文将河田列为全省水土保持工作的重点，决定从1983年起，省财政每年投入50万元给河田镇（原河田公社），其中30万元用于群众烧煤补贴，20万元用于苗木补助，并组织省林业厅、水土保持事业局、水利厅、农业厅、原福建省林学院（福建农林大学）、福建林业科学研究院和龙岩地区行署、长汀县政府共"八大家"联合支持河田水土流失治理事业。由此为起点，拉开了至今长达30多年的长汀县水土流失治理工作。

1986年，水利部把长汀县河田镇列为南方小流域治理示范区。"七五"期间，长汀县被列入国家以工代赈治理水土流失的受援县，展开了大规模的水土流失治理攻坚战，水土保持工作从河田扩大到三洲、濯田、策武、南山、涂坊、新桥等乡镇，累计治理水土流失面积3万公顷。公路两边、河流两岸大部分秃山已"由红变绿"。1992年以后，以开发促治理、以治理保开发成为长汀水土流失治理的主要思路。长汀县政府通过开发性治理，大力推广杨梅、板栗等经济林种植，提高单位土地经济效益，以调动群众治理的积极性，巩固治理成果。

1999 年，长汀县水土流失总面积 70364 公顷，比 1985 年的 97479 公顷减少 27115 公顷；水土流失率由 31.5% 下降到 22.7%，下降了 8.8 个百分点。

本阶段，各级政府逐渐重视，逐步加大投入，并进行了治理机制改革尝试，积累了丰富的水土流失治理经验，总结出许多适合当地水土保持综合治理开发的先进技术，取得了较好的生态和社会效益。

这一阶段的治理也存在一些问题，主要是进入 90 年代以后，治理成效逐步趋少，局部地区水土流失甚至在加剧。1999 年与 1995 年相比，4 年时间水土流失总面积仅减少 965 公顷，年均减少 241 公顷，只占 1985—1995 年年均减少流失面积 2712 公顷的 0.9%；1995 年极强烈和剧烈两个级别的流失面积达到 11186 公顷，是 1985 年的整整 2 倍。政府财政投入减少、稀土资源开采、山地综合开发和农民对集体林地缺乏投资热情等是造成以上情况的重要原因；稀土矿开采和山地综合开发的必要保护措施未跟上导致局部地区水土流失加剧。

三　生态建设阶段

1999 年 11 月 27 日，时任福建省省长的习近平同志到长汀县视察水土保持工作。他被长汀县干部群众几十年来坚韧不拔治理水土流失的意志深深感动，也对存在的困难和问题深感忧虑。在他的亲自倡导下，2000 年，福建省委、省政府决定，2000、2001 年两年将长汀县水土流失治理列为"为民办实事"项目。2001 年 10 月 13 日，习近平同志再次来到长汀县，再次作出决策，"再干八年，解决长汀县水土流失问题"。于是，省政府对长汀县连续 8 年、每年补助 1000 万元，开展了以小流域为单元的水土流失综合治理。

长汀县政府健全治理工作领导机构、完善工作制度、明确目标任务、建立督查机制，充分发动群众，掀起了新一轮水土流失治理热潮。据统计，2000—2009 年 10 年间，长汀县共投入水土流失治理专项资金 20568 万元，其中，中央、省级 10439 万元，市级 1900 万元，县级 181 万元，群众投资投劳 8048 万元。如此巨额资金的投入，使长汀县水土流失治理取得历史性突破。2012 年，全县水土流失面积下降到 30083 公顷，比 1999 年减少 43685 公顷；水土流失率下降到 9.71%，比 1999 年下降了 14.11 个百分点。其中，2012 年强度及强度以上水土流失率合计为

12.08%，比 1999 年的 27.06% 减少一半以上。这说明，这一时期的治理不仅在总量上减少了水土流失面积，而且在遏制强度水土流失方面取得了更大成效。本阶段，各级政府高度重视，各级财政大力投入，采取多种形式的有效措施，治理工作取得了显著成绩。长汀县 9 个乡镇、22 条小流域、118 个村、21 万人得到治理实惠，基本实现了长汀人的绿色之梦。

1985—2012 年，长汀累计治理水土流失面积 85460 公顷，森林覆盖率由 1986 年的 59.8% 提高到 79.4%。有着千年客家农耕文化、70 多年治理摸索之路、30 年生态建设实践、10 年水土流失治理高潮的长汀县是个很好的案例，可以为从生态建设走向生态文明提供一些思路和借鉴。

第三节　对长汀水土流失治理成就的解读

许多学者基于专业视角对长汀水土流失治理和森林植被恢复的变化进行了研究。这一方面的研究主要由生态学、地理学等自然科学学科的学者进行，他们通过运用一系列生态学、地理学技术方法，如遥感技术、侵蚀度监测模型、生态恢复模型等，对某个时间段水土流失区治理前后的土地利用状况、土壤侵蚀状况等进行对比研究。学者们普遍认为，长汀县各种水土流失的治理指标都持续好转：生态恢复程度逐步提高，土壤侵蚀状况得到明显改善，侵蚀强度较重的景观向侵蚀强度较轻的景观转移，以针叶林为主的林地面积快速增长，地表裸土面积大幅下降，马尾松林平均碳储量快速增加（岳辉、曾河水，2007；武国胜等，2011；林晨等，2011；林娜等，2013；李荣丽等，2015；曾宏达等，2014）。然而，受到学科和方法的限制，森林恢复、水土流失状况改善与经济社会之间的因果关系并未在上述研究中得到专门的分析。

作为我国南方水土流失治理的典范，长汀水土流失治理经验受到了各级政府和学界的高度关注。迄今为止，官方解释来自三个部门。水利部将长汀水土流失治理经验总结为"探索出一条适合当地实际、工程措施与生物措施相结合、人工治理与生态修复相结合、生态建设与经济发展相结合的水土流失防治之路"（陈雷，2012）。国家林业局则归纳为："实行大面积封禁与小面积治理、生物措施与工程措施、防护林与经济林等多种综合治理模式。"长汀县政府总结了森林恢复和水土流失治理："政府主导、群众主体、社会参与、多策并举、以人为本、持之以恒"；"滴水穿石，人一我十"。基于对长汀水土保持 11 年的研究，有学者认为，长汀水土保持成功实现了观念、策略、技术的三个转变和突破：在观念上从单纯治理转变到治理与开发相结合，走上生态恢复产业化的轨道上来；策略从人工建设为主转变到以自然恢复为主的角度上，最大限度地发挥了自然界固有的再生能力；在技术措施上从大地绿化提升到土壤熟化，解决了"空中绿化"现象（朱鹤健，2013）。有学者认为，长汀走出了一条治贫与治理水土相结合的道路（Cao et al，2009）。有学者从创新的角度，认为治理理念、治理模式、治理技术、生态补偿方式、科技协作机制推进了长汀水土流失治理（兰思仁、戴永务，2013）。有学者认为，长汀水土流失治理是技术、政策和经济等综合措施的结构，长汀将封山禁樵措施与农村能源结构改变、生态自我修复与人工积极干预、水土流失治理与经济发展等相结合（张若男、郑永平，2013）。有学者指出，农村能源建设，如改燃改灶、兴建沼气，在保护森林资源、防止水土流失等方面也发挥了重要作用（黎镐鸿，1996；王维明等，2005）。还有学者指出，针对不同类型的水土流失类型，因地制宜，采用不同的植被恢复模式，也是长汀水土流失治理的一个重要经验（蔡丽平等，2012）。

"横看成岭侧成峰"。上述研究从技术治理、经济发展和政府管理等视角揭示了长汀森林恢复和水土流失治理的成功经验，对我们的研究具有重要的启示作用。然而，目前的总结存在三个不足之处：一是长汀水土流失治理是一系列技术、经济、社会、政府政策和文化综合作用的结果，并非是某个因素单方面的作用。例如，已有研究中，经济发展、文化和政府治理等对水土流失治理的作用并没有引起足够的重视。二是目前的总结多基于经验梳理，除了 Cao et al.（2009），很少结合我国经济社会转型的大背景，也很少上升到理论和概念的层次，这弱化了从长汀水土流失的丰富实践中得出规律性的东西。三是在方法论方面，与自然科学方面的归纳相比，经济学、社会学研究方法相对缺乏，这限制了所获结论的客观性和多角度。

第四节　主要研究内容

生态文明建设不仅要遵循自然科学规律，还要符合和顺应社会和经济发展的规律。从社会经济视角，我们需要回答下列问题：长汀水土流失治理中，技术模式选择及其变迁的社会经济条件有哪些？地方水土流失治理体系是如何变迁和发生作用的？经济发展和政府政策发挥了怎样的作用？长汀精神又是如何融入客家耕读文化中去的？如何推动生态建设以实现生态文明呢？为此，笔者将从技术模式及其变迁、地方治理体系和治理能力建设、森林景观恢复、森林转型、森林文化五个方面分析长汀经验。

在长期的生态建设过程中，长汀发展形成了适合当地自然地理与社会经济条件的水土流失治理与植被恢复技术体系。本书第二章简要介绍了长汀的自然社会经济条件，作为全书的背景。第三章归纳了长汀水土流失治理的几种主要森林植被恢复的技术模式及其变迁历程。第四章从土地、资本和劳动力等要素变迁的视角分析了森林植被恢复技术模式选择背后的经济社会条件。第五章从经营主体和模式的视角分析了长汀生态建设中的一大特色——经济林经营与发展的经验，并基于不同经营主体的特点和优劣，对经济林的发展变迁进行分析。

第六章至第八章试图解释长汀生态建设中政府、市场和社会三者之间的角色和作用。具体而言，研究长汀县在面对农民参与约束和地方财政约束的情况下，如何增强政府治理能力、构建多元治理体系和扩大公众参与，从而凝聚方方面面的力量投入到水土流失治理中。第六章分析了长汀县政府是如何充分利用项目制手段，推动政府内部组织间建设，动员、协调上级政府、相关政府部门和科研机构等积极参与到长汀生态建设中去的。第七章分析了长汀如何运用产权、财政和产业政策推动长汀水土流失治理向多元治理体系转变。第八章分析了水土流失治理中的公共参与机制，突出了政府主导对公共参与机制的形成和功能的影响及其局限性。

第九章引入森林景观恢复的理论与方法，探讨了长汀县森林植被恢复实践中目标技术选择、政策安排、制度设计之间是如何相互融合、相互适应的。具体而言，分析了综合性的目标共识、不同时期与区位条件下的技术策略选择、各利益相关者的协调、跨部门的共同合作等致力于生态与人的生计需求相融合的综合政策是如何纳入植被恢复的实践中，使水土流失从整体性的景观尺度上得到治理，造福于景观内当地居民的生计，促进当地的经济发展和社会稳定的。

20 世纪 90 年代发展起来的森林转型理论（Forest Transition Theory），致力于探讨宏观社会经济的发展如何影响森林恢复的过程。长汀县在 20 世纪 80 年代从面积上实现了森林转型，森林覆盖率经历了由减少到逐渐增长的转变。自 20 世纪 80 年代以来,长汀县生态建设过程一直与当地经济增长、经济结构调整、能源转型、水土流失治理政策、劳动力非农迁移等社会经济变迁相联系。分析、研究长汀生态建设的历程,必须将其纳入宏观的社会、经济、政治环境中进行考察,理清生态建设与经济、政治、社会发展的内在关联。本书的第十章,基于对长汀县、乡、村三级的实地调研,将理论分析与基层观察相结合,对长汀县的生态建设与植被恢复过程进行政策与社会经济视角的解读,即探索政策因素与社会经济因素对长汀县森林恢复的作用。第十一章在上述分析的基础上,构建长汀县乡镇水平上的、涵盖森林资源变迁与人口经济社会发展等各方面数据的面板数据集,建立模型,利用计量经济方法对长汀县森林转型的主要因素进行研究,进一步明确长汀县森林恢复的主要驱动力。

第十二章研究长汀县客家文化传承为生态建设提供的文化源泉以及在生态文明建设中所构建的新文化形态。梳理从唐朝汀州于长汀县置府以来所记载的与生态建设、客家文化相关的历史文献,并通过实地调研、观察与访谈的方式,发掘当代生态文明建设中的汀州客家文化的元素和文化载体,阐释和解读汀州客家文化与生态建设之间的关系和互动。

第十三章是本书的总结和讨论部分。本章从技术模式及其变迁、地方治理体系和治理能力建设、森林景观恢复、森林转型、森林文化等五个方面归纳了长汀生态建设的经验。长汀是中国生态文明建设的缩影,本书的结尾部分结合中央政府从生态建设走向生态文明建设的要求,讨论了长汀开展生态文明建设的实践过程和面临的挑战。

第五节　主要名词界定

一　森林、森林植被恢复和森林景观恢复

对于森林的定义,全球并没有统一的标准。不同的国际机构、国家在不同的时期对森林的定义各不相同,这增加了衡量、比较不同区域森林的困难。为了评估全球森林面积增减的总体趋势,便于历史和横向比较,国际上普遍采用了 FAO 对森林的定义。根据 FAO 的定义,"森林"是指面积在 0.5 公顷以上、树木高于 5 米、林冠郁闭度超过 10%,或树木在原生境能够达到这一阈值的土地。不包括主要为农业和城市用途的土地。在我国,森林指由乔木、直径 1.5 厘米以上的竹子组成且郁闭度 20% 以上,

以符合森林经营目的的灌木组成且覆盖度 30% 以上的植物群落。包括郁闭度 20% 以上的乔木林、竹林和红树林，国家特别规定的灌木林、农田林网以及村旁、路旁、水旁、宅旁、林木等。由于各国与 FAO 对森林的定义不尽相同，故每次全球森林评估时，各国都根据 FAO 的定义对森林面积进行适当的调整。因本书的研究对象为中国森林，故采用的是我国对森林的定义。

　　森林植被恢复强调生态学意义上将森林退化地区重新恢复到原有的"自然系统"。汤景明等（2012）对森林植被恢复的定义作出如下阐述："根据一定的恢复目标，运用森林演替理论和森林培育学原理，采取森林培育学和生态工程学的技术与方法，人为地改变和切断引起森林退化的主导因子或过程，建立优化的森林生态系统结构与功能，使森林恢复到处于进展演替中的某种稳定状态。"例如，我国对侵占林地所征收的"森林植被恢复费"，就属于上述生态学意义上的定义。

　　与森林植被恢复定义的单一性不同，森林景观恢复（Forest Landscape Restoration）的内涵、目标更为丰富，要求更高。为遏制毁林和生态恶化造成的一系列生态、经济和社会后果，森林景观恢复越来越受到研究者和实践工作者的重视。1999 年，"森林景观恢复"一词由世界自然基金会（WWF）与世界自然保护联盟（IUCN）的森林恢复专家首次提出并将其定义为：致力于恢复采伐迹地或景观退化区域的生态系统完整性的同时，提高人类福祉的过程。提高人类福祉具体表述为提高林业的生产力和经济价值。之后，各个国际组织与专家学者在此定义的基础上不断补充完善。Maginnis 等（2012）认为，此定义的重点是恢复景观尺度上的森林功能，而不仅仅是依靠增加某个地方的森林面积。FAO 对森林景观恢复的定义增加了"森林重建与制度设计"。巴西彼得罗波利斯（Petrópolis）研讨会强调森林景观恢复是一个工具，是通过建立互补的土地利用镶嵌体，而不仅是各成分的简单相加，从而实现更加广泛、更加多样化的景观目标。本书采用 John Stanturf（2002）的概念，将森林景观恢复定义为在景观测度下，整体性地处理生态系统稳定、不同利益相关者参与、技术策略选择、人的生计需求、土地利用、制度安排设计等要素之间的平衡与融合，以恢复森林生态完整性及提高人类福利水平，实现生态效益、经济效益和社会效益。

二 水土流失和水土流失治理

《中国水利百科全书》（第一卷）和《中国大百科全书·水利卷》将水土流失定义为："在水力、重力、风力等外营力作用下，水土资源和土地生产力的破坏和损失，包括土地表层侵蚀和水土损失，亦称水土损失。"与此相对应的概念，是水土保持。根据 1991 年《中华人民共和国水土保持法》，水土保持指对自然因素和人为活动造成水土流失所采取的预防和治理措施。目前，国际上普遍采用的水土保持的定义是：指防治水土流失，保护、改良与合理利用山区、丘陵区和风沙区水土资源，维护和提高土地生产力，以利于充分发挥水土资源的经济效益和社会效益，建立良好生态环境的综合性科学技术（王利花，2009）。水土流失治理不能和水土保持等同。原因是水土保持强调的是"保"，侧重于采用自然科学技术（如工程措施、生物措施和蓄水保土耕作措施），以预防、控制、消除水土流失，字面上容易引起歧义；而水土流失治理则更突出治理，强调对于已经造成水土流失的地区运用生态、技术、经济、社会政策等综合措施进行控制和改善，以提高当地居民的生态生活环境为目的，其手段更加综合、多元，目标更加多样性。鉴于本研究的侧重点在于从社会经济的视角理解水土流失，故采用的是水土流失治理的概念。

森林恢复或者森林覆盖率的增长并不等同于水土流失治理。根据水土流失的定义，水、风等自然力和人类活动是引起或加剧水土流失的外力，而"水"和"土"的流失是结果（连米钧，2001）。一般而言，森林植被恢复是水土流失治理的主要手段，森林的增长往往会促进水源涵养、水土保持。然而，除了森林覆盖率，森林的分布、结构（如林种、林龄和人工林与天然林的比例）同样会对森林的水土保持功能有直接影响（彭舜磊和赵迎春，2001）。此外，除了森林，气候、土壤、人类活动等可以直接作用于水和土，带来水土流失的改善或恶化。因此，森林恢复或者森林覆盖率的增长可以作为水土流失治理的重要指示器，但并不是唯一，更不能将二者等同。

三 生态建设和生态文明建设

生态建设是一个在我国官方、媒体和学界被广泛使用的词汇，但并没有进行严格的定义，造成了一定的混乱。生态建设可以作为一个技术过程。例如，有学者认为，生态建设是人类理性行为参与下积极的生态恢复与重建过程，其目标是修复受损生态系统和景观的结构、功能和过程并使之达到健康的状态，并能够长期持续地自我维持（吕一河等，2006）。生态建设的对象包括水土流失、森林减少、土地沙化、湿地湖泊萎缩、生物多样性减少等一系列生态问题，生态建设即对上述问题采取自然或者人工修复措施，如植树造林、封育、围堰、退耕还林、退耕还草等。同时，生态建设还可以作为一个治理过程或行为，指政府对生态环境进行改善的行为和实践（Jiang，2006）。它贯穿规划、组织、实施、监管和评价的整个过程，涵盖了对激励、知识、制度、决策和行为的各种干预，包括财税、技术、产业、土地、制度、社会参与和文化等方方面面的综合措施。当然，生态建设受到自然、历史、社会、经济、文化等多种因素的影响和制约，需要顺应而非超越自然和人类社会的规律。本书对生态建设这一概念的使用，同时具有技术和治理这两方面的含义。

面对资源约束趋紧、环境污染严重、生态系统退化的严峻形势，党中央于 2005 年正式提出生态文明的概念。胡锦涛同志在学习贯彻党的十七大精神研讨班上指出：建设生态文明的实质就是要建设以资源环境承载力为基础，以自然规律为准则，以可持续发展为目标的资源节约型、环境友好型社会（转引自周主贤，2012）。党的十八大把生态文明建设放在突出地位，将生态文明建设与经济建设、政治建设、文化建设和社会建设并列，融入经济建设、政治建设、文化建设、社会建设各方面和全过程，努力建设美丽中国，实现中华民族永续发展。

自党中央提出生态文明的概念，关于生态文明定义、内涵等方面的讨论浩瀚如海，众说纷纭。归纳起来，大概可以划分为哲学含义的生态文明、发展话语含义的生态文明和发展实践含义的生态文明等三种类型。第一种类型，出于对人类生存和地球安危的担忧，将生态文明作为继原始文明、农业文明、工业文明之后的下一个阶段人类文明形态（俞可平，2005；牛文元，2013）。这主要体现在从哲学思想上反思人类中心主义，反思人与自然的关系，反思二元论以及基于二元论建立起来的工业文明体系。第二种类型，将生态文明作为我国发展的话语。也就是生态文明的提出，是在反思中国发展历程的基础上，针对当下发展面临的主要问题所提出的一种发展理念和战略（荣开明，2011；解振华，2013）。30 多年来，中国发展话语发生了快速的切换，从以经济建设为中心，到可持续发展的基本国策、循环经济、"两型"（环境友好型、资源节约型）社会，到近期，生态文明成为发展的主流话语。大部分媒体、商界、政界人士和部分学者所讲的生态文明都属于这种类型。第三种类型，在操作层面上解读和践行中央关于生态文明的概念。在中央提出生态文明后，政府、企业、非政府组织和学界等相关主体纷纷介入到对生态文明的解读中，将生态文明建设融入到各层级和各领域的思考和实践中（白杨等，2011；谷树忠等，2013；黄勤等，2015）。现实中后两种类型往往结合在一起：话语为实践提供解释和理由，实践具体化话语和理念。

　　与生态建设相比，生态文明建设内涵更丰富，内容更多，要求更高，并呼唤更加全面、彻底的变革。内涵上，正如上述所言，生态文明建设可以从文明、话语和操作等多个方面进行解读。从内容上，生态文明建设不仅包括生态修复和保护，还包括资源保护与节约、环境保护与治理；不仅是一场看得见的生产生活绿色革命，更是伦理、文化、哲学的绿色化、和谐化。从要求上，生态文明建设要求实现生态建设由人工建设为主转向自然恢复为主，更加尊重自然、顺应自然和保护自然。同时，生态文明建设还要求在物质文明、政治文明、精神文明各层面，在经济建设、政治建设、文化建设、社会建设各领域进行全面转变、深刻变革，推动形成人与自然和谐发展的现代化建设新格局。生态文明不是无源之水、无本之木。生态建设是生态文明建设的基础、载体和重要组成部分。生态建设为生态文明建设提供养分，生态建设的做法、经验和教训构成了生态文明建设的重要实践基础。只有生态可持续且融入到政治、经济、文化和社会各方面和全过程的生态建设，才有可能积淀成为人民世代推崇和践行的文明。

四　森林治理和政府治理能力

　　国际学术界关于自然资源治理（Governance）的阐述一直在变化之中。传统的治理主要指政府依靠其权威和强制性，通过直接规定或禁止某些行为来自上而下地解决市场失灵问题，管理手段上以许可、审批、标准控制、国有化等命令控制手段为主，主要由官僚体制来实施。治理包括了更为多元的组织、制度和行动者，是各种政府、私人和社会组织的自愿跨组织合作网络，交流信息、知识和资金等资源，从而实现对成果和其他参与者的最大影响（Rhodes，1996）。在国际林联的协调下，全球学者共同参与讨论，形成了森林治理的概念：各种正式和非正式、公共和私人管理机构；制度，包括涉及森林及其利用、保护的规则、规范、原则、决策程序；公共和私人行动者的互动；上述机构、制度和行动者互动对森林的影响（Giessen and Buttoud，2014）。治理包括政府、社区和市场三个基本的主体和机制，以及各种公共—私营伙伴关系、共管伙伴关系和私营—社区伙伴关系。森林治理体系可定义为各种政府、市场、社区等治理主体及其机制和混合安排在实现森林生态、经济以及社会目标过程中的构成、互动关系和角色，是各种行动者、机构、规则、网络、正式与非正式制度及其互动的集合。政府治理能力指政府为了实现全社会的公共利益，提供公共产品、制定和执行法律法规和政策、协调和服务各类非政府行动者参与生态建设和政府政策的能力，从而促进可持续、平等、参与和民主等目标的实现。

五　森林文化

森林文化是指森林经营利用、管理的各类知识和传统习惯，与森林相关的，且对森林经营和利用产生影响的文化、信仰和艺术等文化遗产（Parrotta，et. al.，2008）。从内涵上讲，林业传统知识是独立的、具有显著的地域特色、存在于其持有人的生活之中、反映当地人的要求（Agrawal，1995）。文化和社会习俗对生态恢复所需要形成的集体行动具有制度约束（奥斯特罗姆，1990）和制度发明的作用（张佩国，2012）。

第六节　研究方法

自 2013 年以来，中国人民大学林业与资源政策研究中心将研究视野聚焦于长汀，致力于在长汀这个宝贵的社会实验室里，运用社会科学的调研方法，探索解读长汀经验，将我们的社会科学研究着陆于长汀这片广袤的土地上，努力以脚步来感知、丈量长汀县的乡镇村落。研究团队组织了以博士研究生为主要力量的调研队伍，共计 30 余人，分别于 2013 年 7 月、2014 年 4 月、2014 年 7 月开展了三次较大规模的调研。研究团队充分认识到长汀水土流失治理背后复杂的自然、社会、经济、文化等问题，采用多学科视角，将社会学、经济学、政治学、生态学和自然资源管理等进行融合，调研具有明显多学科交叉的特点。同时，采用综合性研究方法，将质性研究和量化研究有机结合起来。鉴于个人和研究团队在知识结构、实践经历和视角上的局限性，在研究过程中，团队建立了开放型、学习型网络，并不断完善，使研究对象和合作者——不同的利益群体，如地方干部、教师、大学生村官成为我们的合作研究者，激发他们对长汀水土流失的思考、分析、争论，推动研究方案的改进，增进团队对相关议题的理解和相关资料的收集。

在研究过程中，我们主要运用以下三类方法进行数据收集，包括：深度访谈、农户问卷调查、二手资料收集。具体如下：

关键人物深度访谈：走访了长汀县政府、相关政府部门及其科室（林业局、水土保持局、统计局、档案局、农业局）、8 个乡镇政府及其相关林业、水保站所（策武、河田、濯田、红山、铁长、童坊、南山、三洲等乡镇）、6 家涉林公司和林业合作社、8 个村庄（南坑村、露湖村、莲湖村、伯湖村、赤土村、彭坊村、芦地村、邓坊村），拜访了参与水土流失治理的政府工作人员、公司员工、林业合作社成员、现任和前任村干部、教师、林业大户等，访谈人数逾 150 人，为解读长汀经验提供了丰富的感性认知与基础资料。访谈方式一般为结构式、半结构式访谈，小组访谈及其结合，目的是掌握所在县、乡镇和村与水土流失治理有关的情况，听取他们的看法和意见建议。例如，在县林业局和水土保持局分别举办了多次有局和相关科室负责人参加的讨论会，对调研方案、思路进行讨论，集思广益，形成调研的思路和材料。从案例村庄中选择村干部、村庄老人、教师等，用历史大事记法以及绘图法收集了解社区社会经济、森林资源和土地利用实践变迁的过程。

农户调查：因研究更为关注过去 30 年的水土流失治理变迁历程，本研究在村庄和农户层面并没有开展随机抽样，而是综合考虑水土流失区和非水土流失区的生态、经济地理和社会发展情况，采取由课题组先提出样本村庄标准（主要为对山林的依赖程度和水土流失严重程度），林业局和水土保持局推荐，课题组试调研的层层筛选方式，最终确定选择了水土流失区及林区的 8 个乡镇和 8 个村庄，在每个样本村中选取 12 户左右的农户进行入户调研。在村级农户的调研上，依据对森林的依赖程度不同，将农户划分为种植农户、一般农户、山地承包大户三类。在咨询村干部的基础上，对农户进行分类调查。在调研方式上，采用结构和半结构访谈法（农户访谈、关键人物访谈、小组访谈）、参与式观察法相结合的方式，关注农户家庭基本情况、农林业生产经营活动、村庄基本情况及变迁、森林景观变迁、水土流失治理公众参与等问题。

二手资料收集：运用中国人民大学图书馆和馆藏数据库搜集与长汀水土流失相关的书籍、论文和新闻报道；购买或借阅与调查地相关的书籍、统计年鉴、县志及林业志；在长汀县档案局、林业局档案室和水土保持局档案室查阅 1980 年代以来与长汀水土流失相关的档案、文件；在林业局、水土保持局各科室及乡镇林业站、水保站查阅相关的历史档案、政策文件、总结报告等；获取案例村庄关于水土流失治理的会议记录、村庄基本情况的记录等。

我们重视与长汀人民合作互动、相互理解的过程。长汀人民是水土流失治理的经历者和受益者，都对水土流失治理有自身的看法和理解，他们中的每一个人都是我们解读长汀经验研究的贡献者。我们召开各种座谈会，与长汀政府部门、乡镇村委的领导和工作人员反复交流讨论，交换意见，因此，我们的研究不再只是对一个固定不变的"客观事实"的了解，而是一个多方共同建构的过程。2015 年 4 月，我们在龙岩市举行专家论证会，多方听取专家们的意见建议，并在此基础上进行补充调研。我们也多次收到长汀县人民对于本书初稿的或邮件或信件形式的修改意见，对此，我们都一一认真对待，并查证修改。另外，我们并不拘泥于对选定的样本或者关键人物进行正式访谈，我们充分利用乘车、吃饭、借宿等非正式场合，询问遇到的人对水土流失及其治理的情况，以补充获取正式调研的线索。我们无比真诚地乐于将自己的学术观点与长汀人民分享交流，期待能得到长汀人民的验证，也愿我们的学术识见能与长汀这片土地相融合。

第二章　长汀县自然经济社会概况

长汀县的生态建设历程与其自然环境状况和社会经济发展息息相关。地形地貌、气候、土壤等条件决定了长汀县自然资源的禀赋，而社会经济的发展则与森林资源的消长和生态环境的变迁紧密联系。本章简要介绍长汀县的自然条件、土地资源及利用、森林资源状况、水土流失状况，梳理长汀县与森林资源变迁和生态建设相关的社会经济条件。

第一节　长汀县自然地理环境

长汀县地处福建西部，闽赣边陲要冲，武夷山南麓。水土流失区的形成跟长汀的自然地理环境有着密切的关系。从地形地貌来看，武夷山脉从北部宁化入境后，分为两支，一支沿西部与江西交界，蜿蜒直入武平，另一支沿东部与连城边境连绵不绝下上杭，境内支脉纵横交错向腹地延伸，在地形地势上形成东、西、北三面高，中、南低，自北向南倾斜的地势。汀江横贯盆地的中西部，在水口附近流出盆地，直下广东潮汕而入南海。全县以海拔800米以下的低山为主，而中、南部主要为海拔250—500米的丘陵、低山。丘陵多处于山地的边缘和盆谷的周围，高丘多与附近的山地连为一体而较陡，土壤潜在侵蚀的危险较大。低丘一般顶部和缓，起伏小，坡形又多属直形坡与凸形坡。这种地貌最显著的特征在于自然坡面在自然力作用下容易出现切沟群，形成千沟万壑、支离破碎的地貌。中间盆地有相对广阔的土地和众多的河流，土地肥沃，水源丰富，人口稠密，是长汀的主要农业区。盆地适宜农耕的土地面积有限，在人口压力增大时，向山要地、毁林开荒严重，破坏森林植被，造成水土流失。

长汀县地质土壤及其分布是水土流失的重要生成条件。长汀成土母岩主要有砂质岩、泥质岩、酸性岩类等，其风化物发育而成红壤和黄壤。红壤为县内主要土壤资源，有 371.06 万亩，占土地总面积的 79.81%，主要分布于海拔 600 米以下的低山丘陵地带。黄壤分布在海拔 800—1000 米以上的中山地带。县境中、南部地区的丘陵为红壤的主要分布区，主要由红色地层和花岗岩组成，风化层较厚。由于地质构造运动频繁，造成岩石中节理发育，再经后期风化营力的作用，促使岩石中裂隙不断发育和张开。虽然土层深厚，但结构疏松，含砂量大，结构不良，抗蚀能力差。一旦植被破坏，极易导致水土流失。侵蚀产生的泥沙进入汀江流域或者农田，引发洪涝灾害，危害农业生产，严重影响了汀江流域的生态环境和生产生活。

长汀境内河流众多，水系发达，分别属于韩江水系、闽江水系和赣江水系。全县流域面积 3101 平方公里，流域面积在 50 平方公里以上的河流有 17 条，其中以汀江最大，全长 153 公里，流域面积 2649.27 平方公里，占全县流域面积的 85.4%。受降雨量和季节变化，境内河流水量丰富，但暴涨暴退，径流量不仅年际变化大，变幅可达 3.3 倍，年内分配也不均，3—6 月净流量占全年的 73%。

长汀县为中亚热带气候，雨量充沛，水、热、光资源丰富。季风气候常造成降水分布不均匀、不适时，水旱灾害频发。据统计，境内平均降雨天数为 156.7 天，年平均降雨量为 1716.4 毫米，最大年为 2452 毫米，最小年为 1096 毫米，年平均蒸发量为 1443.8 毫米。降雨年内分配很不均匀，4—6 月的降雨量为 854.7 毫米，占全年总量的 49.8%。降雨强度大，暴雨（24 小时内连续降雨 50 毫米以上）出现的频率 4—6 月为总数的 68.89%。同时，长汀夏旱（7—9 月）和秋冬旱（10 月至来年 1 月）频发。据 1956—1991 年气象资料统计，36 年中出现夏旱 21 年，发生频率为 58.3%；出现秋冬旱有 21 年，频率为 58.3%。故形成了年内暴雨干旱周期，在温差的作用下，致使母岩风化十分严重。由于山地植被覆盖度极低，频繁的水旱灾极易导致水土流失的恶性循环。

长汀的植被类型属中亚热带常绿阔叶林带。全县现有维管束植物 231 科 868 属 2546 种，其中蕨类植物 42 科 85 属 217 种，裸子植物 10 科 25 属 48 种，被子植物 179 科 758 属 2280 种。由于长期受人为影响，原始植被多遭破坏，现有植被主要为马尾松、杉木、毛竹、灌丛次生林植被和其他人工植被。部分水土流失严重的地段灌草覆盖度极低，几近裸地。

长汀县温和湿润的气候、纵横发达的水系，为人类繁衍、动植物的生长栖息提供了极其有力的环境。然而，陡峭的地形、松散的土壤、暴雨和旱灾频发的气候条件（尤其是中、南部地区），形成了水土流失的重要自然条件。一旦植被遭到人类活动的破坏，水土流失将不可避免，给老百姓生产生活带来许多灾难性的影响。同理，一旦植被得到恢复、保护，水土流失也将得到遏制。

第二节　长汀的历史和文化

长汀历史悠久，人才辈出，是国家历史文化名城，也是客家人的发祥地和集散地。长汀历史最早可追溯到新石器文化时代，至今发现了 200 多处新石器遗址，为福建新石器文化的重要发祥地。从东汉末年开始，大批中原汉人为躲避战乱、饥荒，辗转南迁，几经跋涉来到长汀。唐开元二十四年（736 年）置汀州，一直为历朝历代州、郡、路、府所在地，为闽西政治、军事、经济、文化的中心。至北宋时期，长汀已经成为客家人聚居的最大城市。客家先民为当地带来了中原地区先进的生产技术、文化和生活方式，并不断与当地闽越族人相互融合，繁衍生息，形成了独具特色的客家文化。大量客家人南迁而至，加上宋代汀州至广东潮州航运的开通，使汀江成为沟通闽粤水路运输的大动脉，成为商贾云集的商贸中心。此后，客家人又沿着汀江不断向外迁徙，将客家文化带到了广东和世界各地。长汀被称为"客家的发祥地"、"客家首府"，客家人把汀江称为"客家母亲河"。至今，仍有许多海内外客家人前来长汀寻根谒祖。

长汀并非"桃花源地"，客家人南迁长汀并不能就此避免战乱、灾荒的发生。每到改朝换代之时，战乱频频光临长汀，生灵涂炭、财产损失、农田毁坏严重。例如，元至元十三年（1276 年），文天祥率兵驻汀州抗元，长汀遭受严重破坏。除了战乱，水灾构成了长汀的另一大危险。仍以元朝为例，据记载，至元五年（1339 年）六月，大雨暴降，平地水深 3 丈余，漂没民房 800 余幢，民田 200 余顷，溺死 8000 余人。虽屡经战乱、水害，长汀并未一蹶不振，总能迅速恢复重建，目前遍布全县的寺庙建筑、古墓葬、古城墙、古城门、古街区、古碑刻、古宗祠等文物古迹即为明证。

客家人多出身于书香门第，耕读传家、崇文重教深刻地影响着长汀的地方文化和精神气质。长汀自古教育繁荣，书院林立，英才辈出。据统计，从宋至清历代科举（缺元代），汀籍进士 70 名（含武进士 4 名），举人 265 名（含武举人 87 名），特奏 42 名，荐辟 16 名。明、清两朝"五贡" 528 名。作为古汀州所在地，历代文人墨客流连吟诵，唐代的张九龄，宋代的陆游、宋慈、陈轩、王捷，明代的马驯、郝凤升、宋应星，清代的上官周、黄慎、杨澜、纪晓岚、黎士弘、康泳、江瀚等，都以如椽巨笔为长汀的山川风物写下不朽的诗篇、著作，流传于世。

长汀是中国著名的革命老区，是中央苏区和红军长征出发地之一，素有"红色小上海"之美誉。毛泽东、刘少奇、朱德、周恩来等老一辈无产阶级革命家曾在这里进行过伟大的革命实践，党的早期领导人瞿秋白、何叔衡在长汀英勇就义。1929 年 3 月 14 日，毛泽东、朱德、陈毅等率领红四军首次入闽，解放了长汀城。1932 年，第一个福建省苏维埃政府、中共福建省委等机构先后设在长汀，长汀成为福建革命运动的政治、军事中心。地方政权积极成立赤卫队、赤卫团、游击队等地方武装，先后被改编为红军。据统计，第二次国内革命战争时期，2 万多名长汀人参加了红军，涌现出 13 名长汀籍将军。长汀境内发生了长岭寨大捷、苦竹山战斗、松毛岭保卫战等主要战斗。苏维埃政府深入开展土地革命，发展工农业生产，发展金融与商业贸易，粉碎国民党经济封锁，确保苏区军民需求，巩固红色政权。为打破国民党的经济封锁、服务人民发展生产，苏维埃政府在长汀大力发展商业，开展对外贸易，每天来往商人 1000 余人，各种农副产品和商品云集于长汀，又销往各地。长汀成为中央苏区的商业中心，当时被誉为"红色小上海"。

长汀这片土地，曾经文化昌盛、山川秀丽、万商云集、敢为天下先，却在近现代饱受山光、水浊、田瘦、人穷的水土流失之苦。历史上，长汀因战乱而兴，又屡遭战乱破坏，却又都恢复重生，生命力甚是顽强。这不得不让人深思，历史文化、革命老区与水土流失的发生、扩张和治理有何联系？

第三节　土地、土地利用和土地利用变化

长汀县是"八山一水一分田"的山区县。据长汀土地利用变更调查数据（参见表 2 - 1），2010 年，长汀县土地总面积为 308988.39 公顷，其中农用地面积 292642.51 公顷，占土地总面积的 94.71%；建设用地面积

表 2 - 1　　　　　　　　　2010 年长汀县土地利用现状表

地类		面积	占土地总面积比例
		（公顷）	（％）
农用地	合计	292642.51	94.71
	耕地	28782.53	9.32
	园地	3920.00	1.27
	林地	251680.00	81.45
	牧草地	100.00	0.03
	其他农用地	8159.98	2.64
建设用地	合计	6770.60	2.19
	城乡建设用地	4894.20	1.58
	交通水利用地	1805.01	0.58
	其他建设用地	71.39	0.02
未利用地	合计	9575.27	3.10
总计		308988.39	100.00

资料来源：《长汀县土地利用总体规划（2006—2020 年）》。

6770.60 公顷，占土地总面积的 3.19%；未利用地面积 9575.27 公顷，占土地总面积的 3.10%。在农用地中，耕地面积 28782.53 公顷，占农用地面积的 9.84%，人均耕地面积为 0.06 公顷。耕地以水田为主，中、低产田比重大，集中分布在汀江、童坊河、陈连河、古城河及其支流沿河两侧的城关、河田、濯田、三洲、南山、新桥、中复等河谷盆地，主要农业区也是主要水土流失区。不过，长汀县 85% 的耕地分布在坡度 15 度以下，15 度以上坡耕地面积为 232.73 公顷，向山要田相对有限。长汀县林地面积为 251680 公顷，在所有土地利用类型中占比最高，为土地总面积的 81.45%。林地集中在东、西和北部山区，而人口集中在中、南部地区，中、南部水土流失地区的人均林地面积低于其他地区。长汀县是我国南方重点林业县，林业在地方生态、经济中发挥了极为重要的作用。全县划入国家级和省级生态公益林面积 775 万公顷，森林覆盖率、森林蓄积量、竹林面积、油茶面积等都位居福建省前列。

　　长汀森林面积经历了先减少后增加的过程。1949 年以前，长汀县山林资源虽无确切统计，但《嘉靖汀州府志》里描述汀州自古"山势险阻，树林翕密"。穿越长汀县的汀江两岸，山清水秀、森林茂密。河田也并非水土流失区。据长汀旧县志（清道光时修撰）的记载，河田原名柳村，境内有"五通松涛"、"铁山拥翠"、"帆飞北浦"等景物记载，又有"上有芦竹，下有松林"（自然村）的传说（卢程隆等，1981）。近现代以来，长汀大面积的森林因战乱、政治运动、木材贸易、木材生产、人口增长等遭到毁灭性的破坏。据统计，1958 年以前，长汀县水土流失面积 4.14 万公顷。1958—1966 年，由于大量砍伐林木烧炭炼钢铁，流失面积增至 4.788 万公顷。1970—1976 年，"向山要粮"开荒造田导致流失面积又新增 1.327 万公顷。至 1983 年，长汀县水土流失面积达到了 6.97 万公顷。长汀水土流失多分布在丘陵区。汀江流域两岸的丘陵地带是城镇和村庄分布的密集区，这里人口众多，人类生产生活活动频繁，对森林资源和土壤资源的开发利用率高。受人类活动的影响，汀江两岸的生态环境极其脆弱，水土流失问题最为突出，水土流失程度重且较集中连片。长汀县水土流失区主要集中分布在汀江流域的两岸，包括河田、三洲、策武、濯田、涂坊、南山、新桥和大同等 8 个乡镇，其水土流失面积占长汀县水土流失总面积的 82.25%（1985 年数据），是长汀县开展植被恢复和水土流失治理的重点区域。改革开放后，长汀开展了大规模植树造林和水土流失治理，生态环境持续得到改善，森林覆盖率由 1986 年的 59.8% 提高到 2012 年的 79.4%，水土流失率由 1985 年的 31.47% 下降到 2012 年的 9.71%。

经过多年的综合治理，以河田为中心的水土流失区域土地利用状况发生了明显的好转：林地得到休养生息，地表植被覆盖率明显提高，水土流失基本得到防治。根据林娜等（2013）对水土流失核心区河田镇 1988—2011 年土地利用状况的研究，面积变化最大的为裸地，23 年间面积从 130.11 平方公里减少到 43.98 平方公里，面积比例由 16.78% 减少至 5.67%。尤其是近三年，裸地面积减少近 20 平方公里，表明水土流失治理的力度不断加大，生态环境得到较为明显的好转。阔叶林、针叶林等林地面积大幅度增加，二者总面积从 1988 年的 516.86 平方公里增加到 2011 年的 590.77 平方公里，而竹林的面积基本不变。这一过程中，建筑面积也不断增加，年均增长 5.44%。近三年，建筑用地的增长主要来自于靠近公路两旁的水田、针叶林和裸地。其他土地利用类型，如水田、草地、河流水面、沙地等变化不大。

表 2 - 2　　　　　1988—2011 年长汀河田镇土地利用状况　　　单位：平方公里

年份 土地类型	1988	1998	2004	2009	2011
水田	70.10	77.21	78.63	75.91	73.52
阔叶林	228.68	228.50	229.44	226.39	242.13
针叶林	288.18	321.60	339.87	350.16	348.64
竹林	9.25	8.81	8.78	8.27	8.13
其他草地	35.04	32.06	24.39	27.30	32.68
建筑用地	5.72	10.48	13.88	17.81	19.36
河流水面	6.12	3.88	3.71	3.75	6.07
沙地	2.20	3.46	2.96	2.04	0.89
裸地	130.11	89.40	73.74	63.77	43.98

资料来源：林娜等，2013。

长汀水土流失治理处于"进则全胜、不进则退"的关键时期。在汀中南部的河田、三洲、策武、濯田、涂坊、南山和新桥等乡镇，仍有大片林地因土壤条件差、林分结构简单、树种组成单一（多数以马尾松和芒萁骨为主），造成林下水土流失现象普遍存在。现有水土流失地大部分分布在交通不便、坡度较陡、立地条件较恶劣的坡地上，治理难度大、治理成本高。2012 年底卫星遥感显示，长汀县水土流失面积 30080 公顷，占土地总面积的 9.71%，其中轻度流失面积 16673 公顷，占流失总面积的55.42%；中度流失面积 9780 公顷，占流失总面积的 32.51%；强烈流失面积 2580 公顷，占流失总面积的 8.58%；极强烈流失面积 940 公顷，占流失总面积的 3.13%；剧烈流失面积 107 公顷，占流失总面积的 0.36%。此外，新增水土流失面积并未得到完全控制。2012 年，全县新增水土流失面积 580 公顷，其中火烧山、采伐迹地 360 公顷，农业开发 160 公顷，开发建设项目 60 公顷。

第四节　长汀县社会经济发展

本节将梳理新中国成立后，尤其是改革开放以来长汀县的经济社会发展状况，包括经济增长、收入水平、产业结构和人口变化等方面。

一 长汀县经济发展

改革开放以来，长汀县实现了 GDP 和人均 GDP 的快速增长。长汀县 GDP 历史变动趋势图（参见图 2 - 1，以 1990 年不变价格计算）可清晰地展示长汀县经济增长的历程。在新中国成立后的 30 年中，长汀县的 GDP 由 1949 年的 0.32 亿元增长至 1977 年的 0.88 亿元，增长了 1.75 倍，年均增长率为 3.6%。1978 年改革开放以来，长汀县 GDP 快速增长，由 1977 年的 0.8809 亿元增长至 2011 年的 49.28 亿元，增长了 54.94 倍，年均增长率达 12.56%。长汀县人均 GDP 的变动与 GDP 具有相似的趋势（参见图 2 - 1，以 1990 年不变价格计算）。1949—1977 年，长汀县人均 GDP 由 219 元增长至 256 元，年均增长率仅 0.56%，增长缓慢。改革开放以来，人均 GDP 迅速增长，2011 年，长汀县人均 GDP 达到 12509.21 元，与 1977 年相比增长了 47.86 倍，年均增长率达到 12.11%。

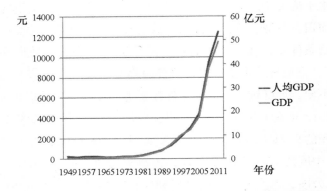

图 2 - 1   1949—2011 年长汀县 GDP 及人均 GDP 历史变动趋势

长汀县属于全国经济欠发达地区。图 2 - 2 显示出全国、福建与长汀 1972 年以来人均 GDP 变动趋势的不同。虽然三者都呈现上升的变化趋势，但福建省人均 GDP 的增长趋势要快于全国人均 GDP 的增长趋势，而长汀县人均 GDP 的增长速度要低于全国平均增长速度，更远低于福建省人均 GDP 的增长速度。这反映出，虽然自 20 世纪 70 年代以来长汀人均 GDP 实现了较快的增长，但长汀仍处于福建乃至全国经济增速较慢的地区，属于全国和福建省经济发展水平相对落后的地区。

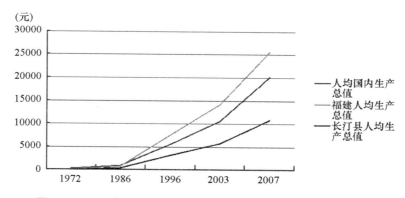

图 2 - 2 1972 年以来全国、福建与长汀人均 GDP 变动趋势比较

长汀县城镇居民和农村居民生活持续改善。从农村居民和城镇居民的收入与消费情况来看（参见图 2 - 3 和 2 - 4），农民人均纯收入由 1978 年的 103 元增长至 2011 年的 7085 元，增长了 67.78 倍，年均增长率为 13.67%。农民人均生活消费支出由 88 元增长至 5705 元，增长了 63.83 倍，年均增长率为 13.47%。城镇居民人均可支配收入在 1990 年为 943 元，2011 年增长至 12378 元，20 年间增长了 12.13 倍，年均增长率为 13.04%。城镇人均消费支出由 1990 年的 841 元增长至 2011 年的 9821 元，增长了 10.68 倍，年均增长率为 12.41%。改革开放后，居民人均收入与消费水平的迅速增长反映了人民生活的大幅改善。

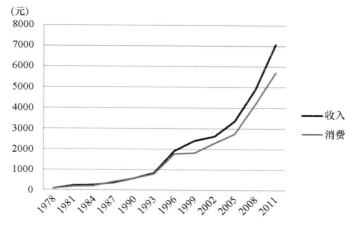

图 2 - 3 1978—2011 年农村居民人均纯收入与生活消费支出

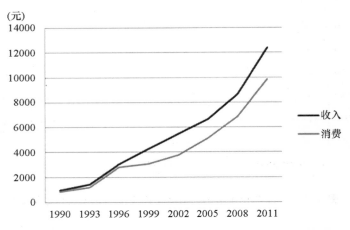

图 2 - 4　1990—2011 年城镇居民人均可支配收入与消费支出

长汀县城乡居民收入差距存在上升趋势。将农村居民与城镇居民的收入与消费状况进行对比：1990 年，城镇居民人均收入和消费水平分别为943 元和841 元，分别是农村居民的 1.56 倍和 1.43 倍；2011 年，城镇居民人均收入和消费水平分别为 12378 元和 9821 元，分别是农村居民的1.74 倍和 1.72 倍——由此可以发现，城镇居民的收入与消费水平自 1990年以来一直高于农村居民，且这种收入与消费水平的差距有一定的扩大趋势。1996 年之后，农村居民与城镇居民的收入皆明显高于消费，储蓄结余有较为显著的增长。

二　长汀县产业结构

农业长期在长汀县国民经济中占据主导的地位。新中国成立前，长汀县广种薄收，农业生产方式落后、耕作粗放、品种老化。据 1993 年《长汀县志》记载，1949 年，长汀县农业总产值仅 1680 万元，粮食总产量4.65 万吨（含大豆），人均年口粮不足 175 公斤，农民多为半年糠菜半年粮。新中国成立后，虽历经曲折，但农业生产科技水平逐渐提高，品种不断更新，耕作走向精细化。1949—1977 年，长汀县第一产业产值从 0.25亿元增长至 0.64 亿元，增长了 1.56 倍，年均增长 3.41%。而到 2011 年，第一产业产值达到 7.3 亿元，比 1977 年增长了 10.4 倍，年均增长达到了7.42%（参见图 2 - 5）。

长汀县工业起步晚、起点低。1949 年，长汀县只有玉扣纸、木材和

石灰等 4 家工业企业，年产值 427 万元，占长汀县工农业总产值的 20%
左右。到了 1987 年，长汀县有工业企业 176 个，工业总产值达 1.4 亿元，
为 1949 年的 32.8 倍，初步建立起纺织、化工、森工、电力、食品、机械
等工业门类。改革开放后，长汀县逐渐推进以产权多元化和劳动用工市场
化为核心的企业改革，积极参与市场竞争，进行产业和产品结构调整，促
进企业管理、技术和产品创新，逐渐形成了以纺织服装、机械电子、稀土
加工、农副产品加工为主导的产业发展格局。2011 年，长汀县实现工业
总产值 141.44 亿元，其中纺织、机械电子、稀土、农副产品加工产业分
别实现生产总值 65.1 亿元、25.7 亿元、20.7 亿元和 13.2 亿元，占工业
总产值的 88.16%（福建省长汀县地方志编纂委员会，1993、2006）。

　　长汀县第三产业发展历程与第二产业相似。改革开放前发展比较缓
慢，产值从 1949 年的 351 万元增长至 1977 年的 622 万元，年均增长
2.06%。而到了 2011 年，第三产业总产值为 18.38 亿元，年均增长率达
18.21%，产值增长迅速。

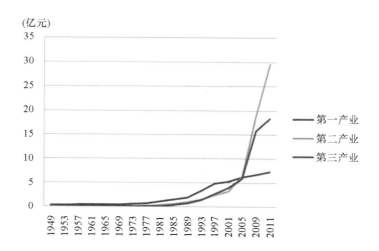

图 2 – 5　1949—2011 年长汀县第一、第二、第三产业产值

　　从长汀县第一、第二、第三产业所占比重来看（参见图 2 – 6 下图），
1995 年之前，第一产业产值在 50% 以上，2000 年比重降到 40%；2000 年
后，第一产业产值占比迅速下降，2011 年降到了 14.82%。1978 年，第
二产业产值在 20% 以下，2001 年上升到 25.94%，2011 年产值占比迅速

增加到60.06%。1977年，第三产业产值占比为7.06%；1995—2002年期间，第三产业产值所占比重甚至超过第二产业；2011年，第三产业产值占比为25.11%。

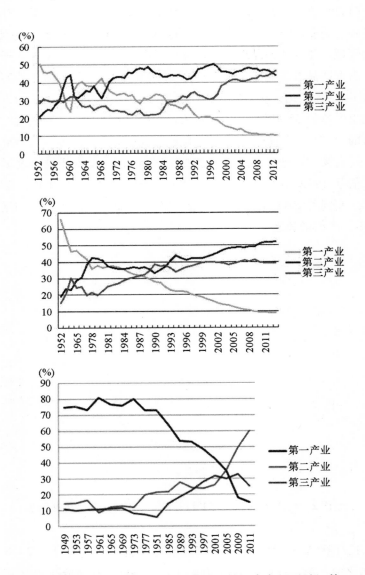

图2-6　新中国成立后全国（上）、福建（中）与长汀（下）第一、
第二、第三产业产值比例

从长汀与全国和福建第一、第二、第三产业产值比例的比较来看（参见图 2-6），福建省第一产业下降趋势与全国平均水平相似，但第三产业的发展早于全国，当前，福建省与全国的产业结构类似，第二产业比例比全国平均水平高约 5 个百分点，第三产业占比比全国平均水平低约 5 个百分点。长汀第一产业占比下降的趋势明显比全国和福建滞后。长汀第一产业比例快速下降起始于 20 世纪 80 年代中后期，而就全国和福建省来讲，第一产业产值占比从 20 世纪 80 年代初开始明显下降。当前，长汀第一产业产值占比高于全国和福建水平约 5 个百分点；第二产业产值占比高于全国约 15 个百分点，高于福建约 8 个百分点；第三产业产值占比低于全国约 20 个百分点，低于福建约 15 个百分点。

随着经济增长，农业在整个国民经济中比例下降是一个基本规律。一般情况下，产业结构发展的规律是第二产业产值先开始增长，然后是第三产业。长汀县产业结构变化的一个特点则是第二、第三产业在 1985 年之后同步发展。从长汀县第一、第二、第三产业产值变化（参见图 2-5）及其比例（参见图 2-6）可以看出，1985 年后，长汀县第三产业与第二产业有相近的增长趋势，在一定时期第三产业的发展还快于第二产业，如 1997 年和 2001 年，长汀县第三产业产值比例分别为 27.91% 和 31.51%，分别高于同时期第二产业产值比例（23.68% 和 25.94%）。

与第二产业相比，第三产业多为排放少、耗能低的生态友好产业。长汀县第三产业的发展与水土流失治理的进程是一致的，体现了政府将生态建设融入经济建设的思维导向。长汀县委县政府提出"建设山清水秀、兴业富民、诚信文明的新型山区县"的战略目标，加大产业调整，发展旅游、美食服务业，推动第三产业，实现经济跨越式发展。长汀县挖掘整合名城历史文化、客家文化、红色文化、美食文化、生态文化等旅游资源，坚持"以红色为主，以美食为辅，以名城为基地，以文化为内涵，以生态为背景"的理念，全面推进旅游产业发展。2004 年，长汀县接待旅客 37.3 万人次，实现旅游总收入 1.05 亿元；2011 年接待旅客 112.6 万人次，实现旅游收入 10.1 亿元。但与全国和福建的第三产业发展状况相比，由于经济总体较为落后，仍有较大的发展空间。

三　长汀县农业结构

按传统的农（种植业）林牧渔业来划分，种植业在长汀县第一产业

产值中处于主导地位（参见图 2 – 7）。种植业产值 1977 年为 3402 万元，
1949—1977 年期间年均增长率为 5.44%。改革开放后，联产承包责任制
激发了农民的积极性，生产条件不断改善，生产结构不断优化，种植业生
产得到迅速发展。2011 年种植业产值达到 16.49 亿元，1978—2011 年期
间年均增长率达到 12.09%。

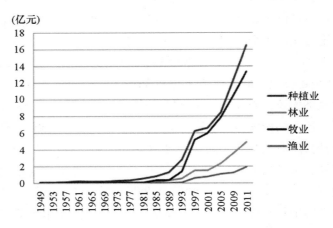

图 2 – 7   1949—2011 年长汀县农林牧渔业产值

长汀县林产品经营分木材经营、竹材经营和林产品化工三个主要方
面。木材经营方面，1949 年以前，林木伐、运、销多为民间自发组织。
1953 年开始由林业部门按计划向林农订约收购，商品木材生产量逐年增
加，1987 年年产量达 62319 立方米，约为 1953 年的 6.5 倍。1988—1998
年每年木材产量均超过 4.5 万立方米，1998 年后木材产量逐渐下降。竹
材经营方面，1988 年后，竹区交通条件改善，竹制品加工业兴起，竹材
产量逐年上升。1999 年，县政府将竹业定为重点产业，1998 年后竹材产
量每年都在 100 万根左右，产值在 900 万元左右。林产化工方面，长汀县
林化产品主要有松香、松节油、松蕉油和活性炭。1996 年前林化产业是
长汀县财税大户之一。此后，由于受市场、资源及体制各方面影响，林化
产业逐渐衰落。2011 年，长汀县林业产值为 4.89 亿元，占农林牧渔业总
产值的 13.35%。

长汀县畜牧、水产养殖历史悠久，但多为零星自养自用，发展缓慢。
改革开放之后，长汀县出现一批养殖专业户、重点户。据 2006 年《长汀

县志》记载，尤其是 20 世纪 90 年代以来，畜牧水产业开始向专业化、商品化和社会化发展，畜牧水产品种不断更新换代，畜禽饲料的改革也缩短了饲养周期，降低了生产成本，促进了畜牧水产业的大发展。据 2011 年《长汀县志》记载，至 2011 年，长汀县生猪存栏 42.04 万头，牛 3.76 万头，养鱼水面 1316.4 公顷，渔业产量 10910 万吨，与 1987 年相比分别增长 1.33 倍、0.62 倍、0.61 倍和 11.25 倍。2011 年，长汀县牧渔业总产值 15.27 亿元（其中牧业产值 13.34 亿元，渔业产值 1.93 亿元），占大农业总产值 37.51 亿元的 40.7%，农民从事养殖业获得的收入人均达 4040 余元。

图 2-8 显示，虽然种植业一直是长汀第一产业中的主导产业，但其产值所占比例有波动中下降的趋势，由 1949 年时的 77.23% 下降到 2011 年的 44.99%。而牧业产值所占比例与种植业的下降趋势正好互补，种植业产值比例下降最快的时期恰是牧业产值比例上升最快的时期，反之亦然。牧业产值比例由新中国成立时的 19.75% 上升至 2000 年最高峰时的 40.16%，又缓慢下降到 2011 年的 36.37%。林业与渔业的产值比例在新中国成立后都有所上升，分别由 2.91% 和 0.11% 上升至 2011 年的 13.35% 和 5.27%。

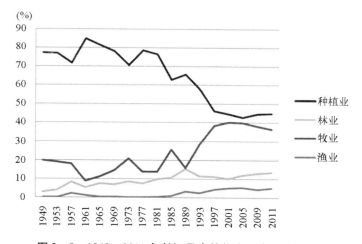

图 2-8 1949—2011 年长汀县农林牧渔业产值比例

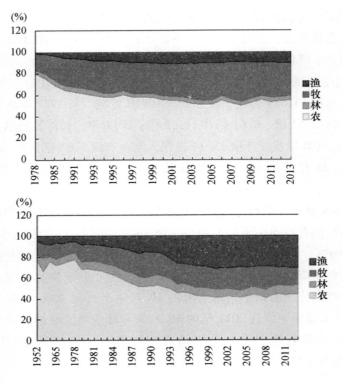

图2-9 全国（上）与福建（下）农林牧渔业产值比例

　　比较长汀和全国以及福建农林牧渔业产值比例的变动情况（参见图
2-8、图2-9）可以发现，长汀农业（种植业）和林业产值变动趋势与
福建省相似。当前，长汀农业（种植业）产值比例低于全国平均水平；林
业产值比例高于全国和福建的平均水平；牧业发展水平高于全国和福建的
平均水平；渔业发展趋势与全国类似，但发展水平低于福建的平均水平。
　　长汀县为综合性农业经济区，农业资源丰富。20世纪80年代后，在
家庭联产承包责任制的基础上，长汀县进一步调整产业结构，农业从单一
经营向多元化发展，从自给自足为主的产品生产转向商品经营，并大力发
展以烤烟、果业、食用菌为主的农业产业。现在长汀县粮食作物主要有水
稻、甘薯、大豆等，经济作物有蔬菜、油菜、烤烟、花生、西瓜、木薯、
槟榔芋、食用菌等。1980年以来，粮食作物播种面积逐渐下降，由3.724
万公顷下降到2010年的3.195万公顷，减少了14.2%。而经济作物播种
面积则呈增长趋势，由1980年的0.26万公顷上升到2004年的1.977万

公顷，之后，播种面积略有下降，至 2010 年，经济作物播种面积为 1.81
万公顷，比 1980 年增长了近 6 倍。粮食及经济作物播种面积的比例在
2000 年后都趋于稳定，粮食作物播种面积比例在 59% 左右，经济作物播
种面积比例则在 33% 左右（参见图 2 - 10）。

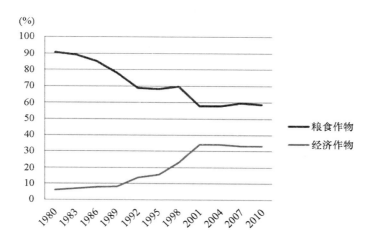

图 2 - 10　1980—2010 年长汀县粮食与经济作物播种面积比例

四　长汀县人口与社会就业

明洪武二十四年（1391），长汀县总人口为 61235 人，新中国成立时
总人口增至 19.98 万。558 年间增加 13.85 万人，平均每年增加 248 人
（福建省长汀县地方志编纂委员会，1993）。2011 年人口增长至 50.68 万，
62 年间增长了 30.7 万，平均每年增加 4951 人。在 1949—1965 年之间，
长汀县的人口增长较为缓慢，1965—2000 年是人口增长比较迅速的时期，
2000 年之后，长汀县人口增长趋于稳定（参见图 2 - 11）。

从城镇人口与农村人口数量的变动来看，2000 年之前，总人口的增
长主要是由农村人口增长引起的，城镇人口增长较为缓慢。2000 年之后，
随着长汀县城镇建设步伐的加快，人口向城镇迁移增多，城镇人口增长迅
速，农村人口则出现下降的趋势。2000 年，汀州镇人口密度增加最为明
显，每平方公里 2166 人，比 1988 年增加了 612 人（福建省长汀县地方志
编纂委员会，2006）。2011 年，城镇人口 16.13 万人，农村人口 34.55 万
人，城镇化率达到 31.83%。

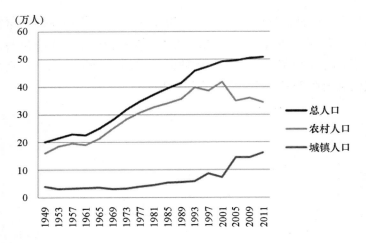

图 2 – 11　1949—2011 年长汀县人口变化趋势

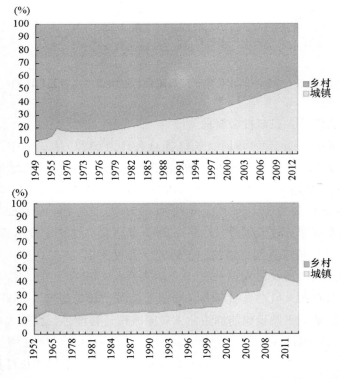

图 2 – 12　全国（上）与福建（下）人口变化趋势

比较长汀与全国和福建的城乡人口变动趋势（参见图 2 - 11、2 - 12）可以发现，长汀城乡人口的变动趋势与福建总体较为类似，但与全国水平相比差距较大。当前，长汀城镇人口比例要低于福建平均水平（40%），更远低于全国平均水平（52%）。这也在一定程度上反映出长汀经济社会发展的滞后。

从长汀县人口出生率与死亡率的情况来看（参见图 2 - 13），至 1980 年，长汀县处于人口高出生率、高死亡率的阶段。人口出生率维持在较高的水平，在 2% 至 4.5% 之间，人口死亡率在 1% 左右徘徊。唯一的例外是 1960 年左右，因政策失误、自然灾害的影响，人口出生率只有 1% 左右。1980 年以来，由于卫生保健措施和计划生育工作的加强，长汀县人口逐步走向低出生、低死亡、低自然增长的轨道。2009 年，长汀县人口出生率为 1.04%，死亡率为 0.51%，人口自然增长率为 0.53%。但 2009 年之后，人口出生率和死亡率出现双上升的趋势，2011 年人口出生率为 1.5%，死亡率为 1.62%，出现人口负增长的现象。

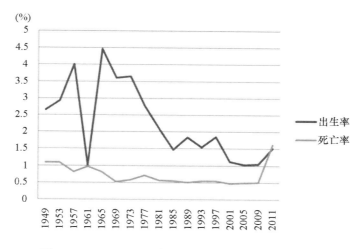

图 2 - 13　1949—2011 年长汀县人口出生率与死亡率

从长汀县的社会从业人员数量变动来看（参见图 2 - 14），1981 年之前，社会从业人员数量没有随人口的增长而增加。1981—2000 年，随着第二、第三产业的发展，就业岗位增多，社会从业人员数量迅速增加。而在 2001—2005 年，社会从业人员数量出现波动性下降。2005 年之后，社会从业人员又出现恢复性增长。这与人口周期、县域外打工和县域经济发展有关。2005 年后，纺织、食品、稀土等县域经济发展迅速，县域经济对本地劳动力的吸引力增强，部分县域外打工人员回流。

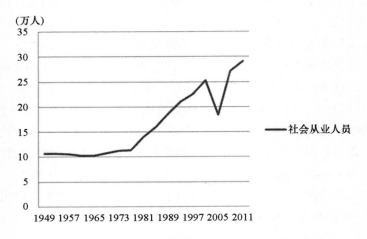

图 2 - 14   1949—2011 年长汀县全社会从业人员数量

第三章　长汀水土流失治理模式
及其发展历程

　　科学技术是第一生产力，如何解决技术瓶颈始终是长汀水土治理和生态建设的一个重要课题。数千年来，中国人民在长期的生产实践中，根据各地不同的自然社会经济条件，创造了许多生态恢复的模式，其中许多蕴涵了自然资源可持续管理的知识（刘金龙，2006）。改革开放 30 多年来，在中央和地方的高度重视和支持下，长汀水土治理和生态恢复十分重视科技的投入，开发出各式各样的丰富多彩的水土治理和生态恢复模式，包括封山育林、人工造林、种植经济林等植物治理模式，兴修水库、修建梯田、打坝淤地等工程治理模式，以及农林复合经营综合模式。这些模式背后均对应着特定的土壤、气候、坡度、坡向等自然条件和人口密度、劳动力工资、市场需求、与目标市场的距离等复杂的社会、经济条件。纵观对长汀水土治理和生态恢复模式的探索，现有的研究十分关注对特定模式的技术和生态效益的分析，但因长汀山区自然条件十分复杂，尚缺乏对模式作全面系统的分析总结，以展示长汀水土流失治理和生态恢复模式的整体框架。本章试图系统总结前人对长汀水土治理模式与生态恢复模式的研究成果，以案例为基础，分析森林植被恢复、经济林、农林复合经营和休闲农林业等四类技术，构建长汀水土流失治理和生态恢复的模式谱系，为下一章分析主要生态恢复模式变迁的经济社会条件提供基础。

第一节　长汀县植被恢复技术体系

一　荒山造林

　　长汀森林植被遭到破坏，引起了严重的水土流失。因此，最直接的水土流失治理措施就是植树造林。长汀县始终将人工造林作为治理水土流失的重要举措，推进生态脆弱区的综合治理和生态重建。荒山人工造林是重建退化林地的首选策略。人工造林需要缜密规划，要调查确定适合造林的地点，采取适合的土壤保护措施和整地方法，确定种子和其他母树的来源，落实造林规划、实施森林间伐等。荒山造林的基本原则是"适地适树"，以乡土树种为主，根据水土流失地的自然环境特征，长汀选择的树种主要有马尾松、杉木、香樟等针阔叶树种。造林密度的大小，直接影响到幼林的郁闭度及树木的生长与分化，要根据造林目的、树种特征、立地条件等因素确定造林密度。造林模式应该根据小班立地类型，混交方式以带状为主，块状、星状次之。

1952年，长汀县鼓励农民上山造林，实行谁造谁有的政策。在《福建省土地改革中山林处理办法》公布后，长汀县进行山林改革，倡导以林地权属为激励，鼓励农民积极上山造林。飞播造林是荒山人工造林重要的补充。1974年和1976年，长汀先后两次飞播造林计7606.67公顷。1993年，长汀县林业局租用民用飞机，在河田、三洲和濯田等强度水土流失区的无林地实施飞播造林8680公顷。1983—1985年，在河田镇造林3000公顷、种草343公顷、林草结合373.13公顷，山头逐渐由"红"变绿。

自1988年起至2010年，长汀县人工造林经历了一个从热火朝天的大范围大面积的工程造林向小面积小范围补植补造的过程。1988年，长汀县为尽快摘掉荒山县的帽子，实施"三五七"造林绿化，举全县之力大规模大范围造林，发动群众投工、投肥、投资上山造林，力求三至五年完成宜林荒地造林绿化，7年内实现绿化达标。1988—1991三年间，累计完成造林更新合格面积3.42万公顷，基本完成荒山造林任务。1992—1996年，为了巩固消灭荒山的成果，长汀县继续投入大量的人力、物力、财力，在疏林地进行工程造林，累计完成造林更新合格面积2.04万公顷。在此期间，引入完成世界银行贷款造林项目，4年共造速生林2426.67公顷。1996—2000年，以对原有造林区域的管护为主，造林面积甚微，仅为0.95万公顷，6年间的累计造林面积仅为1988—1991年3年间累计造林面积的27.8%。90年代后，长汀重视加强对新造林的抚育管理，开展补植补造，落实管护责任，严禁打枝、割草、砍柴、放牧，实施"封禁＋补种"、营造生物防火林带、改燃节柴、改灶节柴、发放煤补等一系列措施，高标准封山，严要求护林。通过近20年的封育管护，当地生态得到较大程度的修复。

　　2000 年之后，长汀县鼓励大户造林，造林主体由国营、集体为主逐渐转向个体、联合体造林为主，动员广大林农投资投劳，开展造林绿化工作。与 2000 年之前相比，2000 年之后的造林面积显著减少，2000—2003年，累计造林面积 0.58 万公顷，仅为 1988—1991 年造林面积的 17%，是上一时期（1996—2000 年）造林面积的 61%。2010 年底，长汀县完成造林更新面积 3077 公顷。2010—2012 年，完成造林绿化 6446.67 公顷，其中：河田、三洲、南山、涂坊、濯田和策武等 6 个水土流失重点治理乡（镇）完成造林绿化 3866.67 公顷，占造林总面积的 60%。2010 年，长汀县完成造林更新面积 3077 公顷。

　　长汀十分重视开展义务植树活动。以 2011 年为例，以"群策群力治理水土流失，同心同德共建生态长汀县"为主题，长汀掀起全民义务植树新高潮。各乡镇各部门开展了种植"生态林、世纪林、电力林"等形式多样的全民义务植树活动，全县参加义务植树 25 万人次，完成义务植树 99 万株，尽责率和株数完成率分别达 96% 和 95%，新建义务植树基地46.67 公顷。

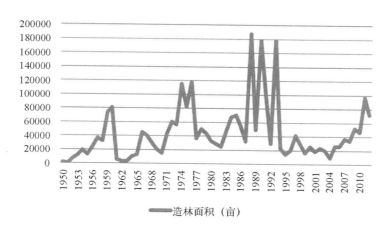

图 3 - 1　1950—2010 年长汀县人工造林面积趋势变化图

　　图 3 - 1 展示了新中国成立后长汀人工造林面积的变化历程，每一次促进人工造林政策的出台，都在一定程度上推动了造林面积的增长，形成一个造林绿化的高潮。进入 21 世纪后，可造林的荒山面积越来越少，长

汀已经维持在一个较高森林覆盖率的水平，人工造林面积的下降成为必然。进入"十二五"规划时期，长汀人工造林主要以常绿阔叶树为主，从营造混交林为主转向培养高质量森林群落，人工造林已从原来的追求数量向追求质量转变。

1949年以来，长汀人工造林迅速发展，但部分地区出现了造林不见林的现象，并形成大面积的低效劣质林。早期造林树种选择偏向于种植材料易获取、易成活、早期生长迅速、能耐干旱瘠薄的树种，造林树种多为马尾松和杉木，其结果是林分结构针叶化，树种单一，林下灌丛和草被发育不良，导致林下水土流失严重，森林水源涵养较差。人工杉木林同龄纯林连作，林分生长量逐代递减，而大面积马尾松林易发生爆发性的森林病虫害。早期人工造林生态效果相对较差。虽然在轻度以上水土流失区造林成活率较高，但是在中度以上水土流失区，因土壤立地条件的限制，造林的成活率相对较低。20世纪90年代，实施世界银行贷款造林项目，以个人大户造林为主，但因林木生长周期长，初期资金、劳动力投入大，林业生产过程中易受自然灾害影响，经济效益亦不十分明显，人工营造纯林生态效益有限，但在一定程度上恢复了土壤地力，为后期农林复合经营和人工林改造奠定了基本前提。总体来说，长汀造林措施实现了"绿起来"这一森林植被恢复第一步工作目标。

二　封山育林

长汀县自然条件适宜植被生长，许多树种可以天然更新成林。当地有封山育林的传统，新中国成立以前多由山主、乡村或姓族出面办理封山育林事宜。群众也有封山育林的习惯和经验，封山周期一般为5—10年，通常采用全封、半封和轮封三种方式。封山育林对具有天然下种或具萌蘖能力的疏林地、无立木林地、宜林地、灌丛等封禁，让植物自然繁殖生长，并辅以人工促进手段，促使其恢复形成森林或灌草植被。封山育林是封育结合，以育为主，以封为前提，通过有计划的较长时间的封禁或加以人工辅助措施使受损生态系统自然恢复，是一种投资少、见效快、花工省的恢复森林植被的经济、有效的方式之一。封山育林能快速、经济地恢复和增加林草植被，形成稳定的植被群落。

1952年起，长汀县政府号召开展群众性封山育林运动。各乡镇从实际出发，采取行之有效的方法，如不准在封山山场割草、打枝、砍柴、放

牧；不准毁林开荒、开山采石等，上级政府对封山育林给予资金、物质和
精神上的奖励，在技术上进行指导。但在改革开放之前一段时间，封山育
林工作因故停滞，且因没有解决群众薪柴问题而效果不佳。

1979年，长汀县加大封山育林管护力度，成立各级护林组织，建立
健全护林村规民约，聘请护林员，政府拨出专款用于封山育林护林工作。
长汀县林业部门与社队签订封山育林2万公顷合同，全封5年，每年每公
顷补助5.4元。自1983年福建省委、省政府把长汀列为全省治理水土流
失的试点以来，长汀县开始实行严封禁政策，由县长颁布《封山育林命
令》，乡、村通过《乡规民约》和《村规民约》，对水土流失区、生态公
益林区等实施全封山，在全封山区域内禁止打枝、割草、放牧、采伐、采
脂和野外用火，禁止毁林开垦和毁林采石、采土建设，禁止猎捕野生动物
以及未经批准的一切林事活动。1984年又与乡村签订沿主干公路、汀江
两侧第一重山封山育林合同，面积3.33万公顷，每年每公顷补助7.5元。
1952—1987年，长汀县累计封山育林面积58.23万公顷。据1985年森林
资源二类清查统计，1973—1985年，长汀县封山成林面积增加13.94万
公顷，占新中国成立以来总成林面积的24%。

2000年是长汀封山育林的转折点（参见图3-2）。2000年，长汀县
委、县政府要求对符合封育条件的水土流失地全部采用封育治理，为此发
布了《关于封山育林禁烧柴草的命令》、《关于护林失职追究制度》、《关
于禁止利用阔叶林进行香菇生产的通告》等。第二年全县封山面积达
10.13万平方公里。此后，封山面积逐渐扩大。2010年，长汀县启动实施
了重点生态区域封山育林，对城区一重山封育区，河田、新桥两个重点镇
一重山封育区，汀江流域、交通干线一重山封育区，饮用水源保护区，圭
龙山自然保护区及保护小区等6.04万公顷重点生态区域实施全面封山育
林。将重点生态区域划分为492个护林责任区，聘用护林员456名。建立
村级监管组织，组建228个村级护林队伍，开展护林管护巡查。县林业部
门每年投入水土流失区封山育林资金达115万元。2011年，坚持封育并
重，"封、管、造"结合，以管护为重点的森林资源培育策略，对全县生
态公益林和90.6万亩封山育林重点生态区域持续落实补植补造和抚育施
肥，切实增强生态功能。2012年，县政府再一次公布了《关于封山育林
的命令》（第1号），将命令印发到各村镇路口、居民聚集点和其他公共
场所。至2013年，长汀县封山育林面积14万公顷，其中生态公益林封育

7.73 万公顷，重点区位非生态林封育 1.6 万公顷，在河田、策武、濯田、南山、涂坊、新桥、大同等 7 个水土流失重点乡（镇）实行封山育林面积 5.19 万公顷。

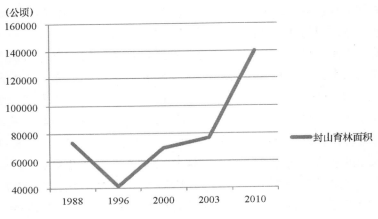

图 3-2　1988—2010 年长汀封山育林面积

长汀县在封山育林工作中积累了丰富的经验：

一是禁止滥砍滥伐。对在公路、河堤两岸、水库周围、房前屋后、名胜古迹、高山陡坡、岩石裸露和容易引起水土冲刷地区的林木不准砍伐。在封育区内的主要路段，如路口、山头以及河流等明显地点，设立固定的明显标志及界碑，并进行公告。禁止采伐杉木、樟树、黄褚、木荷、槠栲类，以及油桐、油茶、毛竹等经济价值高、生长正常的林木作为薪材。对薪材和烧木炭所需林木，应尽量利用其他不能成材的什柴、灌木或充分利用砍伐木材的剩余物和林木抚育的枝条及病枯木、弯曲木。对水土流失区、生态公益林区等实施全封山，在全封山区域内禁止打枝、割草、放牧、采伐、采脂和野外用火，禁止毁林开垦和毁林采石、采土建设，禁止猎捕野生动物以及未经批准的一切林事活动。

二是建立燃料补助。长汀县群众有一种说法，称长汀县水土流失是"烧"出来的。如何让群众不上山割草打枝成为封山育林的关键问题。在实施封山禁采禁伐的同时，长汀优先解决封禁区群众的生活燃料来源。具体措施包括：（1）建立燃料补助制度，鼓励农户以煤电代柴；（2）发展新能源，在技术和资金、材料上协助农民建沼气池；（3）改节柴灶，提高能源利用率；（4）禁止木炭生产，政府机关带头，带动城镇居民改变冬季用木炭烤火取暖的传统方式，减少木材消耗。这样做大大减少了封禁区群众生活上对于木质燃料的依赖，从源头上杜绝了对植被的破坏，确保了封山禁采禁伐工作的顺利推进。

三是重视管护。例如，2010年，对长汀县重点生态区域6.04万公顷山林实施全面封山育林，层层落实封育责任。为此，长汀县聘请护林员441人开展巡山管护，启用封山牌122块，划分管护责任区。以乡镇林业站、水保站工作人员和村生态公益林管护员为主体，组建专业护林队，形成"县指导、乡统筹、村自治、民监督"的护林机制。护林员由原来以巡山为主改为入户查灶头为主，加大宣传和监督力度，严防火烧山。

四是对低质低效有林地、灌木林地进行封禁的同时，辅以人工措施提高森林质量。主要措施是确定目的树种，适当施行清洁伐，为目的树种的生长创造良好的环境条件。在植被稀少、目的树种缺乏的一些林间空隙地，人工补植一些目的树种造林。

长汀坚持把改善生态与改善民生相结合，治理水土流失与发展县域经济相结合，既考虑了长期效益，也考虑了短期效益，生态重建与经济发展同步协调发展。在实施封山禁采禁伐的同时，优先解决封禁区群众的生计问题，推广建沼气池、烧煤和以电代柴，逐步引导农民使用电力、煤炭和沼气，不烧柴草。加大"猪—沼—果"、"草—牧—沼"等生态模式建设力度，实现改善生态、发展新能源和农民收入增长的统一。然而，封山育林会对林区的香菇、松香等副业生产以及多种经营带来影响，在经济较为落后的情况下，有导致林区经济发展滞后、林农收入增长缓慢的风险。

三　低效人工林改造

1980年，长汀县水土保持站建立了7.27万公顷实验山，从外地引进许多耐寒耐贫瘠的树种、草种，采用客土、施肥、浇水等精心培育方式，形成了多树种乔灌混交的低效林改造模式，为低效林改造拉开了序幕。在立地条件较差的中度流失区，或立地条件较好的强度流失区，马尾松、木荷、枫香中幼林每公顷1800株以上，适宜开展低效林改造。

低效林改造模式的优点是节约了种苗和种植费，中幼龄林抚育投入少，见效快。据观测，在一个森林经营周期内（10年），抚育林分与未抚育林分相比，每公顷林分年生长量净增3立方米，10年净增蓄积量30立方米。低效林改造投入资金的 70% 可转化为劳务收入，可以增加就业、带动和促进林区经济发展，社会效益显著。森林抚育、低效林改造不但能改善林分结构，提高森林质量，而且有利于增强林分抗御自然灾害的能力。原生长受抑制的马尾松已经过了幼林的适应期，其生态适应性强，故有较强的潜在生长力，有生长成材的可能性。马尾松是很好的先锋树种，可生长在十分贫瘠的土地上，马尾松林也是优良的用材林和薪炭林。通过每年轮换施肥位置，起到一定的松土作用，改善了马尾松生长的土壤及小气候环境，达到促进其根系扩展进而促进其恢复正常生长的目的，有效促进了马尾松林的生长。

长汀县通过低效林改造的实践，总结出老头马尾松改造、"等高草灌带"种植法、草灌乔混交、陡坡地"小穴播草"等主要技术措施。

在立地条件较差的中轻度水土流失山地，老头马尾松林分密度在每公顷 8 株以上的林地，实施老头马尾松林改造措施。适度清洁伐后，形成每公顷约 6.67 株松林密度，在近树根处挖穴施肥，每穴施有机复合肥 0.25 公斤，后覆土踩实。通过抚育施肥改造，促进"老头树"的生长，促长其他伴生树草，达到植被恢复的目的。

"等高草灌带"种植法是在强度水土流失山地，沿等高线挖小水平沟，水平沟按品字行排列，沟间距为 200 厘米，在沟内种植灌木、乔木，沟内撒播草籽。这样能够拦蓄较多的地表径流，降低沟内的土壤水分蒸发，促进沟内的乔、灌、草快速覆盖地表。

草灌乔混交措施适用于原山坡地草被稍好、地表覆盖度在 35% 以上的水土流失地块。增加灌乔品种，增加阔叶树成分，采用多数种混交的模式，以期改造单一的针叶树种结构为乔、灌、草多层次的林分结构。

陡坡地"小穴播草"则适用于水土流失坡地。挖面宽、深、底宽分别为 50、40、30 厘米的种植穴，株行距 170 厘米，每公顷 1150 穴，挖穴土用在穴下方作埂。每穴种植胡枝子截干苗 1 株，穴面撒播草籽。该模式以草灌先行，植灌促林，能在较短的时间内控制水土流失，是陡坡地重建植被的有效途径。

四　次生林经营模式

长汀天然次生林经营尚未引起足够的重视。天然次生林经营可人工促进天然林质量的提高。技术措施是通过人工补植、抚育等方式促进天然更新成林的营林方式。在长汀，根据立地条件和适地适树的原则及营林目的，选择的树种多为地方阔叶树种，尤其是高质量的檀木、樟树等。当坡度在 25 度以下时采用块状整地，当坡度在 35 度以上时，采用小块穴状整地。根据小班立地条件和现有植被状况，在林间空地，确定块状补植密度，一般约为每公顷 500 株。

五 林草、工程综合措施

早在 1960 年代，长汀就已经应用林草、工程综合措施治理河田地区的水土流失。1985 年以来，长汀县开始大规模推行以林草措施为主、林草措施与工程措施相结合的治理模式，但实际应用的治理面积不多。1985 年种草 183 公顷，修整水平地 130 公顷，水平条壕（沟）50 公顷，水平带 387 公顷，挖大穴 100 公顷。1991 年，工程措施完成水平阶整地 5576 亩，挖鱼鳞穴 7245 亩；种植林草 3565 亩，其中，黄株 747 亩，赤桉 216 亩，胡枝子 55 亩，木荷 1922 亩，山楂子 6 亩，草 248 亩，板栗 371 亩。1988—1991 年，共计种植牧草 2428 公顷。工程措施中台地 1333 公顷，小条壕 1333 万亩，全垦松土 2533 公顷，挖大穴 4000 公顷。1996—2000 年，由于资金紧缺，以种植林草为主，种植生态林草 11573 公顷，经济林果 5267 公顷。2000 年以后，伴随着为民办实事项目资金的大量投入，林草与工程综合治理措施开始应用于较大的范围，形成了一定的规模。2000—2013 年，种植生态林草 11996.1 公顷，低效林改造 9149.2 公顷，种植果树 3383.9 公顷，梯改坡 1080.4 公顷，崩岗治理 975 条，建蓄水池 1863 口、塘坝 84 座，修节水渠 229.7 千米（参见表 3－1）。

表 3－1　　　2000—2013 年林草、工程综合措施治理情况

项目 年	生态林草 （公顷）	低效林改造（公顷）	种果 （公顷）	坡改 （公顷）	崩岗治理 （条）	蓄水池 （口）	塘坝（拦沙坝、陂头）（座）	节水渠 （千米）
合计	11996.1	9149.2	3383.9	1080.4	975	1863	84	229.767
2000	434		352	174	63	395	3	
2001	427	967	195	97	70	300	12	5.18
2002	451	866	210	101		261		9.67
2003	352	812	305		50	286	8	10.417

项目 年	生态林草 （公顷）	低效林改 造（公顷）	种果 （公顷）	坡改 （公顷）	崩岗治理 （条）	蓄水池 （口）	塘坝（拦沙坝、 陂头）（座）	节水渠 （千米）
2004	277	373	602		50		6	27
2005	502	134	453		50	103	4	21.5
2006	606	200	315		85		5	14.7
2007	720	114		5.5	103			
2008	1073	120		34.9	82			
2009	980	146	40.6		62			2.3
2010	170.5	384.3	192	89.7	42	46	9	9.2
2011	300	450	123	100	48	61	10	20
2012	1473	1073	167	333	90	400	15	102
2013	4230.6	3509.9	429.3	145.3	180	11	12	7.8

六　竹林

长汀县属于低山丘陵区，气候温和，雨量充沛，适宜毛竹林的生长。毛竹林分布广泛，除汀州、三洲两地外，其余 15 个乡镇均有分布。竹林在水土流失区分布较少，不是水土流失治理的手段。考虑到竹林产业在长汀土地利用和生态建设中的重要地位，这里将其单独列出陈述。

长期以来，长汀县大部分竹山以砍竹麻造纸为主，效益极低又消耗大量天然阔叶林、排出废水污染水质。竹农砍竹麻大都只顾及眼前利益，这样，经过世世代代砍竹麻造纸，导致竹林林相呈现"老、小、黄"的状况，发笋长竹能力差，竹山效益低下，竹林面积大幅度减少。据 1972 年山林普查统计，全县有竹林面积 44 万亩，到 1985 年二类清查时，仅有 34 万亩，毛竹株数也下降了 200 万株。20 世纪 80 年代，随着竹制品企业的大批兴办，需竹量大大增加，竹林资源急剧下降。1988 年，长汀县毛竹年生产量 35 万株，但实际年耗竹量已达到 70 万株，不少企业在竹山上成片砍伐，导致长汀县大部分毛竹林林相破碎稀疏，杂灌丛生，亟待垦复。

1999 年，长汀县委、县政府决定把竹业列为县重点产业。主要采取了三项措施：重抓毛竹林劈杂、浅锄、深翻；针对"冬笋无主"现象，通过制定《乡规民约》、《村规民约》等制止乱挖冬笋现象，只允许自己冬笋自己挖；同时，推行限砍竹麻政策，只能砍伐 8 寸以下竹麻，逐步调整竹林结构。

2002 年以来，长汀县进一步加大了对竹林产业的扶持。长汀县开始重抓毛竹林施肥，由林业局每年筹集资金购买 200 吨毛竹专用肥用于奖励先进乡（镇）和专业村（户），改变过去对竹山"只取不予"的粗放型经营模式，三年共施肥 65.33 万亩。2002—2006 年，对新开设（宽 3 米以上）的竹区道路每公里补贴 1000 元，推动竹林生产道路的建设。对连片开发 1000 亩以上竹林的，由县担保中心提供 10 万元贷款担保，连片开发 300 亩以上竹林的，提供 3 万元担保。加大招商引资力度，通过稳定产权以及采用租赁、联营等方式进行竹山流转，鼓励建立毛竹加工厂。对毛竹采伐实行"一村一证"，方便竹农砍伐和运输。到 2012 年，长汀县毛竹面积增加到 60 万亩。

长汀逐步建立了竹林技术推广服务体系。采取的措施包括：在竹区开展各种形式的技术培训，印发宣传册，普及推广育竹技术；以中低产竹林改造、丰产竹林培育为重点，以重点村和示范片（户）建设为平台，推进集约经营竹林；全民提高竹林资金补助标准，对集约经营的浅锄和带状深翻每亩补助 60 元，全面深翻每亩补助 100 元。

第二节　经济林发展

长汀县努力探索生态效益和经济效益相结合的路子，充分利用自身独特的气候条件和丰富的山林资源，结合水土流失地综合治理，把经济林产业列为四大支柱产业之一。从 90 年代中期开始，经济林逐渐成为长汀促进农民增收、改善生态环境、促进林业可持续发展的有效途径。竹林管理具有一定的特殊性，为了叙述的方便，我们将竹林编入经济林之中，这与林种分类无关。

20 世纪 80 年代，长汀县对具有较高经济价值的树种种植面积不多，经济效益不突出。这一阶段，长汀县主要以油茶、毛竹等本地经济林树种为主，但是油茶和毛竹产业一直没有发展起来。长汀县 1976 年油茶面积为 4467 公顷，至 2009 年达到 7067 公顷，33 年间只增加了 2600 公顷（参见图 3-4）。1972 年，长汀县有竹林面积 2.93 万公顷。到了 1985 年森林资源二类清查时，竹林面积下降到 2.27 万公顷。

究其原因，这一阶段，制约油茶和毛竹产业发展的主要瓶颈体现在以下四个方面，这些原因在一定程度上削弱了农民种植的积极性。第一，没有从根本上培育出适宜本土的优良油茶品种。这一阶段，油茶林老龄林比重过大，油茶林严重老化。部分林地几乎无收，林农只好放弃管理，任其自生自灭。大面积树龄老化不仅导致油茶产量持续下降，也极大地挫伤了群众发展油茶的积极性。第二，油茶产业的比较优势相对较低。20 世纪80 年代种植的老油茶林，每公顷可产茶油75 公斤左右，每公顷油茶的产值不超过3000 元。与其他树种相比，经济效益相对较低。因而林农缺乏油茶再生产的积极性，导致油茶林大面积荒芜，产量下降，制约了油茶产业的发展。第三，毛竹经营粗放，毛竹林面积大幅度减少。长汀县有砍竹麻造纸的传统，竹农砍竹麻无须顾及毛竹的质量，只要数量高即可。20 世纪80 年代，随着长汀县大批兴办竹制品企业，需竹量大幅度增加，竹林资源更是急剧下降，竹林林相残败，林老、竹小、株黄，发笋能力差，效益低下，竹林面积大幅度减少。第四，各级政府财力有限，鼓励和扶持政策措施不到位。长汀县由于受经济落后、人口快速增长等众多因素制约，对油茶、毛竹生产加工投入不足，无论是政府还是群众都难以充分发挥经营经济林的积极性。加之林业产权不稳定，生产经营主体不明晰，致使大多数油茶和毛竹林处于自然生长状态，生产力低下，既形成不了规模生产，也无法产生规模效益，经济效益不高。

20 世纪90 年代以来，在大力倡导水土流失治理的大背景下，长汀县政府把发展经济林当成重点工程推进，推动水土流失区开发性治理。通过20 多年的不断探索，长汀县经济林经营规模不断壮大，经营树种也呈现多元化的趋势（参见图3－3），建立了油茶、杨梅、板栗等经济林生产示范基地。2006 年，长汀县因在经济林发展中取得的成绩，被评为全国100 个经济林示范县之一。

长汀先后通过政府、公司和私人等多种渠道，引进树种，建设了杨梅、银杏、蓝莓等一批优质高效的经济林集约化经营基地，成为当地重要的生态产业。1993 年，长汀县林业局从浙江台州引种东魁杨梅，试种6.67 公顷，1998 年成功挂果。长汀县林业局从三洲镇的集体和村民中流转了266.67 公顷水土流失地大规模种植杨梅。在杨梅良好的经济效益吸引下和基地的示范带动作用下，杨梅种植发展迅速，到2013 年，长汀县共种植杨梅林1535 公顷。1994 年，长汀县水保局在河田露湖村种植17

公顷板栗，共投资 35.3 万元，通过"公司 + 农户"方式带动该村农民种植板栗 213 公顷，建成千亩水保板栗基地。1999 年，长汀县策武镇南坑村在汀籍老干部袁连寿和刘维灿夫妇的支持下，引进厦门树王有限公司，租赁 153.93 公顷山场种植银杏，通过"公司 + 农户"方式带动村民种植银杏 133.4 公顷。2011 年，福润农业有限公司落户长汀县濯田镇，种植 160 公顷蓝莓，还采取"公司 + 农户"的形式，由公司提供种苗、技术，辐射带动农户种植蓝莓 470 公顷。

长汀县本地经济林树种——油茶和毛竹，也在地方政府的引导和群众的参与下，得到了跨越式的发展。例如，长汀县积极进行低产油茶林改造，引进高产优良品种。2009 年，长汀县被国家林业局列入全国油茶产业发展重点县。2009 年长汀县油茶面积为 7067 公顷，2013 年迅速增长到 9880 公顷，增长了 2813 公顷，增长幅度更是超过过去 33 年的增长额（参见图 3 – 4）。

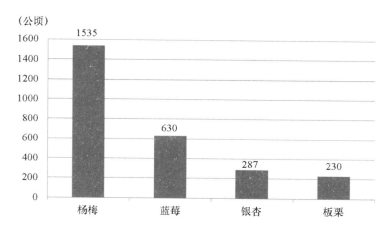

图 3 – 3　2013 年长汀县主要经济林经营面积

长汀县经济林从 20 世纪 90 年代后步入了快速发展阶段，驱动其发展的主要动力有以下三个方面：一是政策环境日趋改善，政府扶持不断增加。2000 年后，中央、省、市、县政府出台了一系列投资、财政和金融政策，加大了对长汀县经济林发展的支持力度。福建省政府制定了具体的实施措施，在技术、资金、项目管理、质量监督、奖惩办法等方面推动经济林发展。长汀县成立了县竹业产业领导小组、油茶办，落实项目责任

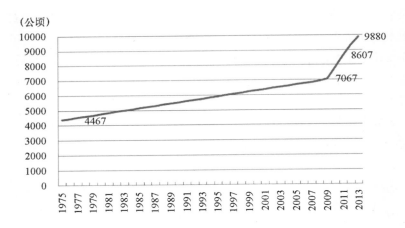

图 3 - 4　长汀县油茶经营面积

数据来源：福建省长汀县地方志编纂委员会，2014。

制，狠抓经济林经营和发展。以"明晰产权"为主的新一轮林业产权制度改革与配套财税激励措施相结合，投资开发经济林的成本和风险大幅度降低，越来越多的林地资源流向市场，有力地推动了经济林适度规模经营。二是政府技术示范带动，技术难题不断得到解决，技术服务体系日趋完善。长汀县政府及机关事业单位率先垂范，成为开发营造经济林的主导和核心力量，引导农民和其他社会主体积极参与。建立健全了经济林技术推广体系，县林业局定期举办经济林技术培训班，开展了各种形式的技术培训，以请进来、走出去的方式引进智力、技术，学习先进经验，印发技术资料提高果农栽培、管理技能，组建"远山果业技术服务队"帮助果农修剪果树，不定期深入山间田头手把手指导果农用肥用药；建立果业协会，为果农提供购销、技术等信息，积极开拓市场，以市场带动经济林发展。三是与市场需求有关。90 年代末期开始，市场对经济林的需求大量增加，经济林与农作物的比较优势凸显出来，许多农民看到有甜头，纷纷利用自家的闲置林地种植经济林。

第三节　农林复合经营

农林复合经营作为一种土地利用系统，连接现代和传统，有利于促进乡村发展、农民就业和增收，又有利于保护生态，综合恢复生态景观，创建新的生活方式。农林复合经营作为一种兼顾生态效益、社会效益和经济效益的经营模式，在长汀植被恢复和水土流失治理中发挥着重要的作用。

早在 1940 年，福建省研究院就在河田镇设立"土壤保肥试验区"，开始探索农林复合经营技术在沙与水的控制和植被恢复中的作用。1962 年成立长汀县河田水土保持站，推进了农林复合经营试验工作，开展灌草栽培、夏季绿肥、丘陵坡耕地耕作方式等技术研究及经济林果、茶叶等引种栽培试验，以及造林混插灌草等工作。当时的农林复合经营实践处于起步状态，农业生产基本上是"粮猪型"，山地经济为粗放经济林果，农业经营与林业种植相对独立，缺乏有机统一的融合，尚未形成完整的农林复合经营体系。

1983 年以后，继续开展农林复合经营体系的摸索与试验。这一时期，长汀发展了立体种植、立体养殖。采取在山顶种植草灌木、山下种植杨梅、油茶，其中间种、套种、混种经济作物等形式。山下改善农业产业结构，如水中养鱼、埂中种植黄花菜等经济植物，村边、路旁、河旁、房前、屋后种植绿化树种。具体而言：一是引种了胡枝子、紫穗槐、刺槐、合欢、黑蓟、南岭黄檀等豆科经济树种，与"老头"松混交，进行高密度、多树种的试验。二是在流失区套种牧草，利用马唐、园果雀稗、金色狗尾草、草木棉、日本草、箭介豌豆、小叶猪原豆、爬地兰等牧草作为覆盖作物控制水土流失，利用牧草发展畜牧养殖，增加农民收入，同时，利用动物粪便和植物残体建沼气池，以解决能源问题。三是在人口密集、劳动力充裕、25 度以下的缓坡侵蚀地，在坡面修筑等高水平台地或水平梯田，前有埂，后有竹节沟，拦土蓄水，种植效益高的果、茶、药等经济林木。例如策武镇南坑村实现了山上种银杏养猪、山下养鱼、农家庭院整洁、燃料环保低碳。这一时期，初步形成了较为完整统一的农林复合经营体系，林业种植与农业生产经营有机融合，水土流失治理效果显著，也提高了土地利用效率，生态效益较为明显。农民有了治理水土的动力，水土流失治理效果明显。但总体仍处于发展阶段，经济效益并不明显，尚未形成一定的规模效应。

21 世纪初以来，长汀经历了植被恢复、经济林发展后，农林复合经营成为技术变迁一个新的阶段，农林复合经营技术和模式得到了长足的发展。随着长汀的水土流失综合治理列入为民办实事项目，继续采取草、灌、乔结合，以草先行，植物措施与工程措施相结合的办法，取得了极大的成效。长汀县在由红变绿、生态环境显著好转的同时，用经济林果种植与畜牧渔养殖的经济效益激励当地人民积极参与水土流失治理，对极强度水土流失区的治理有普遍意义。长汀县水保局协调建立了银杏、板栗、杨梅园以及养猪场与"草—牧—沼—果"等治理示范区，开展科学研究，试验总结并推广农林复合经营技术体系，初步形成了农林复合经营的技术系列，并得到一定程度的推广，促进了规模化、产业化的发展。例如，策武乡黄馆崇水土流失山地开发种植银杏、板栗、早酥梨、水蜜桃等果树，与此同时，动员养殖大户建立"草—牧—沼—果"生态养殖示范场，利用Ⅱ系狼尾草饲养猪，降低养殖成本，并利用畜粪便生产沼气，解决生产生活燃料，沼液送上山既可做果园及牧草肥料，又能改良土壤，培肥地力，形成了植物—动物—土壤的良性循环系统。该示范基地目前已成为长汀县养殖规模最大、区域密度最集中的生态水保产业圈，极大地推进了长汀县产业发展与水土流失治理的有机结合，起到了良好的示范作用。策武乡黄馆马古坑养猪场是其中的一个典型示范户，总面积 2000 多平方米，建有 8 口沼气池，每口 50 立方米。策武乡万亩果场也是长汀县的"草—牧—沼—果"模式的示范户，其面积 1100 平方米，建有 4 口沼气池，每口 20 立方米。

　　在长期的生产实践中，在各方科技人员的支持下，长汀人创造了丰富多彩的农林复合经营模式（参见表 3-2）。

表 3-2　　　　　　　　　长汀县农林复合经营模式类型

类型	系统起源	主要组成
农林结合	林地上种植作物	马尾松、杉木等林下种植黄豆、绿肥等矮秆作物
农—经济林结合	经济林下种植作物	板栗、杨梅、油茶林下种植花生、大豆等
林牧结合	人工林	林下养鸡、养猪
	经济林	
林药结合	杉木林下种植药材	主要是当归、黄芪等
农林牧结合	经济林下套种农作物，同时发展畜牧家禽，形成物流和能量流循环系统	

近 70 年的水土流失治理历程客观地证明了农林复合经营能够维持和改善生态环境。草—牧—沼—果（鱼）循环种养模式，把植物生产、动物生产与土壤三者链接形成循环系统，保证动物生产与植物生产规模相匹配的同时，让足够的有机质回归土壤，使土壤肥力不断提高，并形成镶嵌式草—牧—沼—果等复合经营的集约型农作循环系统。同时也增加了农民收入，提供了农民治理水土的经济激励，推进了长汀县地方经济社会发展与水土流失治理的有机结合，有助于实现社会、经济、生态效益的三效合一。据厦门大学曹文志博士调查：农林复合经营体系的逐步推广实践，使得水土流失区的产业结构趋于合理。其中，农业产值占 40%，林业（主要是经济林果和林木产品）占 6%，畜牧业占 13%。人均纯收入水平也提高至每年 4546 元，土地利用率提高了 15%，生产率提高了 60%，逐步培育起的林果业、养殖业为农村剩余劳动力解决了用武之地，每年可安排剩余劳动力 50 万工日，劳动价值 700 万元。形成的如策武万亩果场、三洲杨梅基地、南坑银杏基地、黄馆崇等"草—牧—沼—果"循环种养模式，有效缓解了生态压力，解决了燃料、饲料、肥料和人畜用水的短缺。

第四节　休闲农林业模式

从 2005 年以后，长汀县大力发展生态旅游业，一批具有农业、林业生产功能，又具有旅游观光价值，或具备休闲度假功能的新型生态模式兴起。

一　旅游观光果园

1990 年代中后期经济林的发展成为如今长汀旅游观光果园的基础。经过十余年的发展，杨梅和板栗等逐渐规模化、集约化。随着社会对生态旅游观光需求的增加，长汀县政府按高标准成片建设具有特色的优质果园，园中道路及休息设施配套，花开时节供游人观花，果熟时节供游人观果、买果，将农业和旅游结合在一起，使三大效益高度统一。

三洲杨梅基地是长汀旅游观光果园的典型代表。三洲镇是长汀水土流失最为严重的乡镇之一。治理前，大部分山地沟壑纵横，基层裸露，崩山溃河，满目疮痍。1993 年，长汀县林业局引进浙江东魁杨梅在三洲水土流失区种植，杨梅性状表现良好，产出的东魁杨梅早熟、味甜、个大，具有较高的经济价值。因杨梅生态和经济效益好，在长汀县政府开发性治理的号召下，长汀县林业局在三洲、河田两镇水土流失最严重的荒山上建设万亩杨梅基地，并抽调林业局4名科技人员蹲点三洲，专门负责万亩杨梅基地建设项目。此后，长汀县政府将成林后的杨梅采取拍卖、承包、租赁等方式，引进外商和大户实施后续管理。在政府的引导带动下，当地群众积极参与，三洲杨梅产业迅猛发展。到2011年，定植杨梅1万多亩，基本已进入试产，水果飘香。随着杨梅产业渐成规模，长汀县政府帮助修建道路及休息设施配套，便利了采摘。三洲镇政府通过举办三洲杨梅节，加大宣传营销力度，广泛邀请周边县市的旅行商和新闻媒体参与，不断提高三洲杨梅的知名度，每到采摘季节，八方游客纷纷前来采摘。长汀成功将万亩杨梅基地打造成旅游观光果园，使昔日"火焰山"变成了名闻闽西地区的"花果山"。

二　森林公园

长汀在城郊交通方便的一些名山，成片种植具有观赏价值的林木（如楠竹、枫树、白果、杜鹃、松、柏等），形成有特色的自然风景区，并建好林间道路，供人游览，把生态环境建设、观光旅游、林业发展紧密结合起来。如长汀县建成了湿地公园和水土流失治理教育园地。

长汀县三洲镇是汀江河、南山河流经之地，是国家历史文化名村，还是远近闻名的杨梅之乡，湿地资源和旅游资源丰富。为保护和开发利用好湿地生态资源，丰富生物多样性，提高森林的社会效益、经济效益、生态效益，建立了福建长汀湿地生态园。三洲湿地公园总占地面积22平方公里，是一个以河滩、沼泽为主，聚农耕湿地、文化湿地为一体的综合性湿地公园。湿地公园不仅成为长汀水土流失治理的重要展示平台，还拉动了当地旅游业发展。围绕湿地公园，长汀美化周边人居环境，整合三洲历史文化旅游资源，发展农业、林业采摘园区，拉动了生态旅游、乡村旅游产业。

2000年，长汀在河田镇露湖村兴建长汀县河田世纪生态园（后改为水土保持科教园）。十多年前，科教园曾是一片严重水土流失的山地，植被覆盖度低，土层浅薄，土壤沙化。经过建设，科教园面积121公顷，分中心区、公仆园区、试验区、水土保持物种园区和对照区等5个功能区。园区引种树木92种，花73种，竹48种，果树46种，草种32个等。试验区占地面积20公顷，建立有人工模拟降雨试验小区5个、天然降雨径流小区12个等。占地20公顷的公仆园区由社会各界人士捐款种下的3000多株纪念树组成，已成为一片原生态林园，大的树胸径达到20厘米。如今，科教园成为长汀县中小学生水土保持宣传普及教育基地，提供社会实践场所。科教园还将科学研究与水土流失综合治理相结合，为对外科研合作提供平台，为水土流失综合治理提供实用技术示范和优良的水土保持树种、草种。水土保持科教园已被打造成集科教、休闲、旅游、观光为一体的水土保持大观园。

三　生态家园

在交通方便且风景优美的依山傍水地带，农户在庭院建设小果园、小花园，并配有客房，供城里人休闲度假，把庭院经济与旅游结合起来。利用天然水面或人工建设高标准鱼塘，放养名贵鱼类，在塘周建设垂钓设施，供游人垂钓休闲和食鱼、购鱼，把养鱼和旅游结合在一起，以获取更高效益。

长汀策武镇南坑村是"荒山—绿洲—生态家园"转变的典范。南坑村曾是长汀水土流失的重点区。1997年，南坑村引进厦门树王银杏有限公司种植银杏2300亩，昔日的秃头山逐步成了绿满山、果飘香的花果山，成为远近闻名的银杏第一村。此后，南坑村大力发展"猪—沼—果"生态农业和乡村旅游业，引进远山公司种植大棚蔬菜200多亩，引进福建省客家天地旅游开发有限公司投资5亿元开发建设南坑乡村旅游项目。在县政府及各政府部门的支持下，南坑村在村庄和银杏区修建生态绿道和人行步道，在村主要公共绿地、村小溪边种植桂花、紫薇、黄花风铃木等多种地被植物，发展农家乐旅游餐厅、特色文化小公园、银杏观景台、垂钓中心等旅游休闲景观等。如今，南坑村已经成为长汀生态旅游的典范。

第四章　土地利用视角下的长汀
水土流失治理模式选择

　　土地利用是各种治理模式的载体，是连接人口、资源与环境的纽带。水土流失治理中的封山育林、人工造林、经济林种植以及农林复合经营等各种治理模式都需要利用土地。同时，土地资源是有限的，它对各种治理模式的选择有着一定的约束。因此，了解在有限的土地上如何选择治理模式、土地利用变化的方向，可以在某一侧面上把握生态建设与经济社会发展之间的关系。我们可以从历史的纵向考察与区域的横向比较中梳理出一般性的经验规律；从关键驱动力的演变所表现出来的趋势中，探索土地利用变化的机制。本章围绕长汀水土流失治理模式的选择与变迁是如何对地区要素禀赋的变化作出反应这个问题而展开。具体而言，通过水土流失治理模式对社会经济因素变动的适应性分析，考察治理模式选择中的经济适应性问题。在社会经济变迁的背景下，劳动力、资本、农用地等要素禀赋将会发生变动。鉴于此，分析比较不同水土流失治理模式的投入需求构成，以判断水土流失治理模式选择的方向。

第一节　土地利用变化的理论简要

　　长汀县造林与森林植被恢复技术体系的相关研究已有一定的成就。蔡丽平等（2012）、蔡丽平等（2014）将长汀水土流失区崩岗侵蚀区坡面分为四种治理模式：灌木＋草本模式、经济林＋封育模式、乔木＋灌木＋草本混交模式、乔木＋灌木＋草本模式，考察了它们的植被恢复效果，发现，经济林＋封育模式和乔木＋灌木＋草本混交模式物种丰富度、多样性指数高，植被均匀度高，植被恢复效果好，改良土壤肥力作用显著，是崩岗侵蚀区较为理想的生物治理模式。坡面工程与生物措施相结合的等高草灌带造林技术是长汀强度侵蚀区的关键技术，岳辉和曾河水（2006）的研究发现，这一技术能够有效地削减坡面径流泥沙，控制水土流失，促进植被快速生长覆盖地表，使退化生态系统得到较好的恢复。张若男和郑永平（2013）认为，长汀水土流失治理的特色在于将封山禁樵措施与农村能源结构改变、生态自我修复与人工积极干预、水土流失治理与经济发展等相结合。曾月娥等（2013）按照主体功能区划理念及方法，将长汀县生态文明管制区分为生态文明重点管护区、核心发展区、综合治理区、集中修复区，认为不同区域应实行差别方法保护和利用。王昭艳等（2011）研究了红壤丘陵区草本、果树、果树＋草、果树＋草＋农作物和果树＋农作物等不同植被恢复模式对土壤物理及化学性质的影响，发现不同植被恢复模式对土壤理化性质影响差异显著，百喜草全园覆盖的草本模式改良土壤理化性质的综合效应最佳，然后依次是果树＋农作物、果树＋草＋农作物、果树＋草。何圣嘉等（2013）研究了长汀红壤侵蚀地马尾松恢复过程中土壤有机碳的动态变化，发现林地表层土壤碳吸存速率以非线性的形式上升，并在15—25a内到达最大值。纵观长汀水土治理和生态恢复模式的探索，现有的研究十分关注特定模式的技术和生态效益的分析，为我们展示了长汀水土流失治理因地制宜、丰富多样的技术模式，构成了我们分析的技术基础，然而，技术模式背后对应的人口、劳动力、市场需求、资本、政策等经济社会条件，尚没有引起足够的重视。

在长汀从生态建设走向生态文明的历程中，水土流失治理模式中的土地利用选择并非是一成不变的，而是处于不断的变化中，不同时期有不同的治理模式。然而，在一个资源有限的经济中，治理模式的选择并不是随意的，会受到劳动力、资本投入等要素禀赋在特定社会经济条件下的制约，必须适应于不同历史时期的社会经济条件，因此，有必要在一个比较长的时间跨度内，在土地利用的视角下，研究长汀水土流失治理模式的选择。

土地利用变化，是指一个国家或区域的主要土地利用类型构成的结构形态在时序上的变化，所强调的是与区域社会经济发展水平相对应的土地利用形态的变化。土地利用变化有两种类型：一是土地面积的增加或减少；二是土地利用集约度的变化即单位面积土地上资本和劳动投入量的变化。关于土地利用变化的传统理论解释主要有以下四种：一是基于马尔萨斯人口论的土地面积持续扩张假说，认为农业用地面积的增加是应对人口压力的必然选择。二是博斯鲁普的需求诱发型集约化假说，认为人口增长的压力促使种植密度和劳动密集程度不断提高，土地的物质和劳动投入加大，单位土地的最大产出量不断增长（Boserup. E，1965）。三是吉尔茨的农业内卷化假说，认为不同的土地利用模式的集约度是不同的，农民倾向于选择现有技术条件下集约度更高的作物种类，或者不断提高土地利用的集约度，甚至忍受平均劳动生产率降低的事实，而不是在面积上扩张（Geertz C，1963）。四是土地利用粗放化假说，该假说将小农经营看成是维生性生产、社会性生产和商品生产的混合系统，认为，当人口不再是农业的压力或者竞争性行业吸收了大量农业劳动力的时候，劳动力价格上升，农业就会收缩。土地利用上表现为要么集约度下降即粗放化经营，要么面积收缩即退出生产（Brookfield H，1972）。最近十余年对于土地利用变化的探索，比较认可的是"森林转型"理论。发达国家的经验表明，森林转型可能是多种原因驱动的。该理论认为，最根本的原因是农村人口向城市的迁移，劳动力成本的上升使得耕作成本较高的劣质耕地退出农业生产，进入"被边际化"的过程中。

　　自20世纪90年代以来，土地利用变化（LUCC）研究及其驱动机制成为全球环境治理研究的热点领域。土地利用变化是一个复杂的过程，同时受到自然、社会、经济等众多因素的影响，但在较短的时间尺度上主要取决于经济、技术、社会以及政治等方面的变化（谭永忠、吴次芳，2005）。其中，耕地和林地利用是土地利用变化（LUCC）研究的重要内容之一。由于中国是一个人多地少的大国，粮食安全问题始终被当作战略问题，因此，国内学者在进行土地利用变化（LUCC）研究时，更加关注耕地数量与质量在时空格局上的变化，如农地弃耕撂荒、城市建设用地与耕地数量之间的转换等，然而对土地内部的不同利用方式之间选择的研究并不多。在现有的少量关于土地内部利用变化策略的研究中，主要认为其驱动因子包含有技术进步、农业劳动力数量变化、市场供求关系调整、价格升降、各地自然资源和环境禀赋变化、土地制度和政策干预等（李秀彬，2011）。

　　学者们已关注到劳动力、资本、土地等要素禀赋对耕地利用变化的影响，然而却没有综合研究这些要素是如何影响林地利用方式决策的。劳动力资源成为农业生产决策的关键因子，打工带来的劳动力转移，农业劳动力机会成本上升趋势明显，使得农地利用方式越来越具有提高劳动生产率的倾向（蔡昉，2007）。人们更在意劳动力的单位价值，而不是将劳动力密集地投入农业生产中，追求农业总收益；人们摆脱了在单位土地上投入过多劳动力的"过密化"生产方式，走向了"去过密化"的土地利用安排（黄宗智、彭玉生，2007）。与此同时，在过去20年里，中国农业发生了实质性的资本化，即单位土地的资本投入不断增加，这是近年来中国农业发展的最重要特征（黄宗智，2012）。

第二节 长汀县要素供给禀赋

2000年前后，长汀县农业劳动力数量达到最高点，此后开始下降（参见图4-1）。1988—2000年之间，长汀县农业劳动力处于惯性自然增长状态。1988年长汀县农业劳动力数量为34.05万人。随着六七十年代生育高峰期出生的孩子大量涌入劳动力市场，农业劳动力数量迅速增加，于1996年达到40.66万人，相比于1988年，增长了19.4%。受限于落后的经济发展水平和有限的非农就业机会，长汀农村仍然存在大量的农村剩余劳动力。2000年农业劳动力数量升至最高值41.75万人，但是相比于90年代初期，90年代末期农村劳动力增速已经减弱。2000年以后，不仅非农就业快速增长，计划生育政策效果也日益显现，农业劳动力的增速明显放缓，并一举扭转了农业劳动力人数持续上升的趋势，开始大幅度下降。2000年之后，得益于沿海地区和长汀县域经济的快速增长，农业劳动力大量涌向城镇，外出务工人数逐年递增，农村剩余劳动力显著减少。2003年农业劳动力数量为40.48万人，比2000年减少了3%，2010年农业劳动力数量为36.27万人，比2000年减少了13%。伴随着农业劳动力的变化，农业劳动力价格也逐年增长，其增速在2005年后更为明显（参见图4-2）。在经过90年代末期和20世纪初的缓慢增长后，农业雇工工资在2002年开始快速增长。这得益于20世纪初期我国新一轮经济增长周期的到来，农业雇工工资从2002年的每天10元增长到2010年的每天40元。劳动力稀缺对森林经营、产业发展的影响日益凸显。

长汀劳均农用地面积在2000年左右经历了U型转折。本书所指的农用地面积是指耕地和林业用地面积之和。尽管伴随着经济的发展，有一部分农用地转化为建设用地，但是国家"保经济增长、保耕地红线"行动

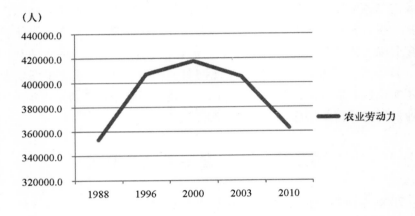

图 4 - 1　1988—2010 年长汀县农业劳动力变化

资料来源：长汀县地方志编纂委员会，2006；长汀县统计局、国家统计局长汀调查队，2012。

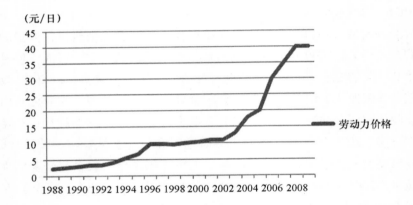

图 4 - 2　1988—2010 年长汀县水土流失区农业雇工价格变化

资料来源：农户调研估计。

所实行的严格耕地保护制度之后，长汀县农用地面积稳定在 28 万亩至 29万亩之间，基本保持不变。本书利用农用地面积不变的数据，实际上是低估了长汀可利用林地面积的紧缺。长汀可利用的林地面积，因荒山造林和生态林工程已经逐渐减少，调研中已发现近几年林地租金开始上升。虽然发展林下经济提高了单位林地生产率，相当于扩大了林地利用面积，因这一方面的数据变化较大且有缺失，本书不进行进一步的考虑。本书假定农用地面积不变，并不影响这里的分析和趋势。劳均农用地面积为农用地面积比上农业劳动力数量。1988—2000 年，由于农业劳动力人数增加，劳均农用地面积处于减少状态。2000 年以后，随着农业劳动力大量转移，劳均农用地面积呈上升趋势。故劳均农用地面积在 1988 年以后呈现一个先减少后增长的 U 型趋势，以 2000 年为转折点，最高达到 2010 年的每个劳动力 0.82 公顷，最低点为 2000 年的每个劳动力 0.69 公顷。随着国家城镇化进程的加快，劳均农用地面积还将持续上升，雇工难、雇工贵问题将成为农业生产的重要约束。

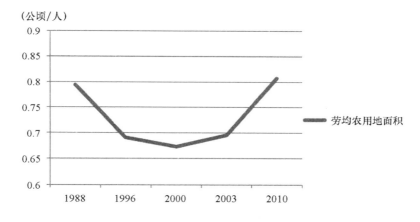

图 4 - 3　1988—2010 年劳均农用地面积

资料来源：长汀县地方志编纂委员会，2006；长汀县统计局、国家统计局长汀调查队，2012。

　　笔者从农业投资的来源界定统计口径，用财政、信贷、集体资金和农户投入四部分加总计算农业资金投入量，按照新统计口径，采用《长汀县统计年鉴》相关数据计算得到。由于 2001 年之前统计资料缺乏，本书仅收集到 2001—2011 年长汀县农业投资额数据（参见图 4 - 4）。但仍然可以很清楚地看到，自 2001 年以来，长汀县的农业投资额一直处于持续上升状态。2001 年的农业投资总额为 4664 万元，2011 年的农业投资额为53546 万元，是 2001 年的 11.48 倍。显然，这与农业税费改革、新农村建设增加了对"三农"问题的扶持有关。

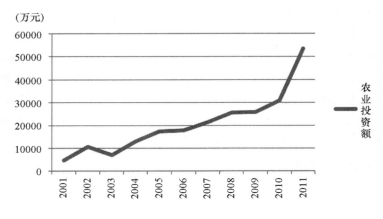

（万元）

农业投资额

图 4 - 4　2001—2011 年长汀县农业投资额

资料来源：长汀县统计局、国家统计局长汀调查队，2012。

第三节　不同治理模式的资本和劳动投入

本部分尝试计算各种治理模式所需要的资本和劳动，从而判断出各种治理模式与经济社会条件的适应性。我们尽可能地估算出各个模式的成本，但考虑到森林经营的长期性和风险性，不可能穷尽所发生的每一项成本，各时期的风险和价格也统一假定不变。总体而言，这对比较分析各模式资本和劳动投入及其趋势影响不大。

一　封山育林

封山育林的措施主要分为管护、追肥和补植。管护具体包括提出封禁措施和封禁年限，划定封禁区域周边界线，禁止任何人擅自在封禁区内砍伐、采薪、割草、放牧等。在封禁区内，雇用乡镇及村级护林员，以承包管护的形式，实行封山禁牧。追肥是针对轻、中度流失区的老头林进行追加肥料的改造，以提高土壤肥力，促进老头林及周边灌木、草被的生长。补植是针对自然恢复能力不足的局部地区，采取补植、补播、更换树种等人工促进更新措施。

以 1999 年长汀县天然林保护工程为例，分析封山育林的资本投入（参见表 4 -1）。《长汀县生态公益林建设进度情况报告》（汀林［1999］130 号）称，长汀县共规划天然林保护工程面积 140.5 万亩，占林业用地面积（390 万亩）的 36%，禁伐面积 132.08 万亩，限伐面积 8.42 万亩，工程计划期为 15 年。根据《关于封山育林经费筹措管理使用的通知》（汀政［1998］综 311 号），护林员劳动工资为每亩 0.5 元、补植费用为每亩 80 元、人工促进天然更新费用为每亩 60 元。在实际封山育林活动中，人工补植占封山育林总面积的 5.0%、人工促进天然更新占 5.0%、除萌等占 10%，故均摊至封山育林的总面积上，人工补植费用平均每年每亩 4 元，人工促进天然更新费用为每年每亩 3 元，除萌费用为每年每亩 0.5 元。在封山育林的一个周期内，补植苗木、促进天然更新苗木仅是第一年需要，其余各年并不需要，而除萌及管护费用每一年都需要支付，因此，封山育林的一个周期内，所需要的资本投入为每亩 22 元。

表 4-1　　　　　　　　　　封山育林资本投入情况　　　　　　　单位：元/亩

时间	补植苗木费用	促进天然更新苗木费用	除萌费用	管护费用	共计
第 1 年	4	3	0.5	0.5	8
第 2 年	0	0	0.5	0.5	1
…					
第 15 年	0	0	0.5	0.5	1
共计	4	3	7.5	7.5	22

二 人工造林

人工造林主要措施包括造林初期的整地扩穴、开设林道、栽植补植、锄草劈杂、深翻施肥以及栽种之后 3—4 年必要的幼林抚育、及时锄草松土、苗木补植等。

因数据可获得性，世行贷款造林相对较为规范，本书以世界银行贷款造林为例分析人工造林的成本投入。1991—1995 年，长汀县共完成世行项目造林 57187 亩。其中杉木造林面积占 11.46%，马尾松造林面积占 36.46%，火炬松造林面积占 15.65%，木荷造林面积占 3.54%，毛竹造林面积占 32.9%。在造林树木栽植的第一年资本投入最多，每亩需要栽植人工费 100 元，肥料费 24 元，种苗费 65 元，管护费 50 元；接下来的两年以抚育为主，资本投入相对较少，每年每亩需要抚育人工费 8 元，肥料费 2 元，管护费 50 元，因此，造林的三年内，每亩需要资金投入共计 359 元。

表4－2　　　　　　　　　　人工造林资本投入情况　　　　　　　单位：元/亩

时间	栽植人工费	抚育人工费	肥料费	种苗费	管护费	共计
第1年	100	0	24	65	50	239
第2年	0	8	2	0	50	60
第3年	0	8	2	0	50	60
共计	100	16	28	65	150	359

三　林草、工程综合治理措施

植物措施是指在中强度以上未治理的疏林地及25度以上陡坡地，采用工程整地造林，并实施草、灌、乔相结合及高密度混交的方法进行种植。工程措施主要是指针对中度以上水土流失区采取的坡改梯工程、崩岗治理工程以及修建引水渠、拦沙坝和护岸护坡工程等。

笔者以2012年长汀县水土流失综合治理项目的实施方案为例，分析工程、林草综合措施的成本。该项目治理水土流失面积共计6363.3公顷，治理措施包括：（1）封禁治理措施（封育年限3年），即施肥封育以及适当补植；（2）林草措施，补植阔叶树、草灌乔混交林1196.7公顷，其中水土保持林1093.2公顷，油茶林103.5公顷；（3）巩固治理林草面积（主要措施：追施肥料）1846.3公顷；（4）坡耕地改造工程面积296公顷；（5）崩岗治理50个，其中修谷坊50座、截排水渠555米。工程与植物相结合的综合治理措施所需要的资金投入巨大，5年规划期内，预计总投资40625万元，其中，工程措施投资16257.46万元，占总投资的40.02%；林草措施投资15573.6万元，占总投资的38.34%。因此，平均每亩所需投资额为4256元。资金来源主要是由中央、省、市、县共同筹集。2012年已筹集资金6250万元，其中，省级以上政府财政捆绑5000万元，市级配套400万元，县乡（镇）群众自筹850万元（含群众投工投劳折资）。

四　农林复合经营

长汀县以种草为基础，沼气为纽带，果业、畜牧业为主体，在"猪—沼—果"模式基础上，增加了种草环节，设计出了以"草—牧—沼—果"为核心的农林复合经营模式。该模式在保护植被的同时，增加了农民收入与就业，具有生态可行性和一定的经济效益。利用畜牧养殖的废料建沼气池，不仅可以利用沼气做饭、照明以抑制砍柴割草等植被破坏行为，还可以利用沼液做果树肥料，实现零排放、无污染、节约经济成本以增加经济收入的良性循环。具体做法为：（1）在侵蚀山地上种植二系狼尾草，该草可部分替代畜牧饲料，减少了精饲料的使用量，降低了畜牧养殖成本。（2）在农作系统中，沼气池是一个重要的纽带性环节，收集猪粪尿蓄于沼气池中，利用沼气池制造沼气，供日常做饭、照明等使用，利用沼渣肥田，改善土壤肥力状况，节约了生活成本和耕作种植成本。（3）利用沼渣来培肥地力，通过果树对营养的吸收，以保护果园的立地条件，同时增加果园的经济效益。在果树成长初期，在树下密植草被，减少裸露地面，防止果园初期水土流失和改善小气候。果树栽种时应下适量基肥，使其快速成长，而后定期利用沼液施肥。

五　经济林

经济林是以生产除木材以外的果品、食用油料、工业原料和药材等林产品为主要目的的森林。20 世纪 90 年代初期，长汀县开始探索经济林的发展，引进经济林品种，不断实验、总结经济林的种植技术，经济林的发展初露萌芽。2000 年以后，政府开始投入大量资金引导支持当地农民种植经济林，经济林的种植开始在长汀普及。长汀县主要的经济林品种包括杨梅、板栗、油茶以及毛竹。土地租金因地块和年限有较大差别，这里全部假定农户在自家林地上投资经济林。

表 4 – 3　　　　　　　　　　　　油茶资本投入情况

时间	项目	成本（元/亩）
第 1 年	全垦翻耕	150
第 1 年	挖穴	50
第 1 年	基肥	60
第 1 年	苗木费	275
第 1 年	栽植	20
第 1 年	中耕	30
第 1 年	农药、肥料	60
第 1 年	其他用工	100

续表

时间	项目	成本（元/亩）
第2年	中耕垦复、农药、肥料	185
第3年	中耕垦复、农药、肥料	235
第4年	中耕垦复、农药、肥料	280
总计		1445

油茶投资周期为4年，种植当年投入最大。以缓坡地、杂灌覆盖中等、机械化作业为主的山场为例，费用包括以下8个部分：每亩全垦翻耕150元，挖穴50元，基肥60元，苗木60—110株（一年苗每株2.5元，每亩需275元，两年苗每株5元），栽植20元，中耕30元，农药、肥料60元，其他用工等100元，共计745元。第二年、第三年、第四年的中耕垦抚、农药、肥料等，每亩费用分别为185元、235元、280元左右。前四年的总投入资金每亩1445元左右（参见表4-3）。

杨梅的投资周期为8年，投资周期较长，需要精细管理。第一年的3月或4月上旬需要准备苗圃地，搭建小平台、挖穴，主要以劳动力投入为主；再下基肥、回土、栽植，需要投入劳动力、种苗以及肥料，主要以劳动力投入为主，第一年每亩共计投资220元。杨梅的整个投资周期始终都需要追肥、防治病虫害、修剪、割草、改土等劳动力投入，以工资形式发放，每亩共计980元。其余种苗费、农药费、肥料费每亩共计需800元。故在杨梅的一个投资周期内，每亩需要投资2000元。

表4-4   **杨梅资本投入情况**

时间	项目	成本（元/亩）
第1年	开小平台	40
第1年	挖穴	100
第1年	下基肥	20
第1年	回土	40
第1年	栽植	20
第1—3年	种绿肥	20
第1—8年	追肥	280

续表

时间	项目	成本（元/亩）
第1—8年	防治病虫害	80
第1—8年	修剪	200
第1—8年	割草	200
第1—8年	改土	200
第1—8年	种苗费	100
第1—8年	肥料费	600
第1—8年	农药费	100
合　计		2000

六　不同治理模式的劳动力需求投入

笔者综合农户调查以及《长汀县水土流失综合治理项目实施方案》、《全国农产品成本收益资料汇编》整理计算出不同治理模式的劳动力投入情况（参见表4-5）。其中，封山育林劳动力投入最少，仅为每亩8个工日；林草、工程综合治理措施的劳动力投入最多，为每亩82.7个工日；相比人工造林，经济林与农林复合经营投入的劳动力较多，且用工周期较长。由此可见，封山育林模式对劳动力要素的需求依赖程度最低，其次是人工造林。经济林与农林复合经营相对更加依赖于劳动力的投入，而林草、工程综合治理措施对劳动力的需求量最大。

表4-5　　　　　　　不同治理模式劳动力投入情况

治理模式	用工量（日/亩）	用工周期（年）	主要用工环节
封山育林	8	4	管护、更新抚育
人工造林	30.9	3	清山、整地、栽植、锄草、施肥、幼林抚育
林草、工程综合措施	82.7	1—3	建撤水沟、谷坊、蓄水池、修水平梯田、整地、栽植、蓄水池
农林复合经营	56.3	8—10	整地、栽植、锄草、施肥、幼林抚育、畜牧养殖、生产沼气
经济林	40.9	8	搭平台、挖穴、施肥、栽植、锄草、修剪、采摘

第四节 水土流失治理模式选择

表4-6 长汀水土流失治理模式选择

治理模式	劳动力投入水平	资本投入水平	治理模式活跃时期	活跃时期劳动力、资本禀赋水平	治理范围大小
封山育林	极低	极低	2000年以后	劳动力相对稀缺、资本相对丰富	大
人工造林	中	中	1980—1995年	劳动力相对丰富、资本相对稀缺	较大
农林复合经营	较高	较高	1990年以后	劳动力由丰富变为稀缺、资本相对丰富	较少
经济林	中	较高	1990年以后	劳动力由丰富变为稀缺、资本相对丰富	较少
林草、工程综合措施	极高	极高	2000年以后	劳动力相对稀缺、资本相对丰富	少

表4-6汇总了各治理模式的资本和劳动投入、活跃时期和治理范围大小。从表中可以看出，长汀县不同水土流失治理模式对资本与劳动力的需求投入水平存在着明显的差异。封山育林需要投入资本每亩22元，投入劳动力每亩8个工日，资本与劳动力投入水平皆为极低，属于资本和劳动都较为节约的。这就解释了为何封山育林可以在任何社会经济条件下被使用。尽管封山育林自身对劳动力需求不大，但农村剩余劳动力大量存在不利于有效地封山育林，封山育林更适合于农村劳动力稀缺的社会环境下。以1990年代初期的人工造林为例，人工造林的资本投入平均为每亩359元，劳动力投入为每亩30.9个工日，资本投入水平中等，劳动力投入水平为中等，且人工成本是前期的主要投入。人工造林的好处是，其资本和劳动力投入集中在前三年，且可以雇人操作，后期主要为管护，投资者所需要投入的精力不多。经济林与农林复合经营的资本投入水平基本在每亩1000元至2000元之间，劳动力投入在每亩40至60个工作日之间，资本与劳动力投入水平皆为较高。同时，经济林和农林复合经营技术常年需要管护、施肥，将劳动力限制在土地上，容易受到非农就业和生产资料

价格的冲击。林草与工程综合治理措施的资本投入平均为每亩4256元，投入劳动力为每亩82.7个工日，资本与劳动力投入水平皆为最高。因此，封山育林是资本与劳动力双节约模式，人工造林是资本相对密集、劳动力密集型模式，经济林与农林复合经营是资本与劳动力密集型模式，林草与工程综合治理措施是资本与劳动力绝对密集型模式。

长汀县不同历史时期的要素供给禀赋存在着显著的差异：新中国成立以后至2000年之前，农业劳动力数量一直处于自然增长状态，劳动力供给禀赋相对丰富。2000年之后，非农就业增加，农业劳动力数量大幅度减少，劳动力供给禀赋相对稀缺；资本供给水平在2000年之前相对稀缺，在2000年之后，农业资本投入持续增长，资本供给禀赋相对丰富；农用地总面积自新中国成立以来，维持在28万亩至29万亩之间，基本保持不变，且可利用土地随着植树造林和生态林工程而日趋减少。可见，在农用地面积基本不变和可利用林地面积减少的情形下，以2000年为分水岭，劳动力与资本供给禀赋在不同历史时期存在着此消彼长的状况，这为资本与劳动力供给水平的相互替代创造了基础。

从各种治理模式的活跃时期来看，人工造林最早，经济林和农林复合经营次之，而封山育林、林草与工程综合治理措施最晚，为2000年之后。需要注意的是，各治理模式在长汀水土流失治理的出现和应用都早于其活跃时期。这不仅有技术发展的规律，需要引入、储备、试验，才能逐渐推广，也与封山育林和人工造林较低的技术和资金门槛有关。以封山育林为例，尽管封山育林在长汀古已有之，但2000年以前，长汀的封山育林效果不太理想，这源于长汀经济水平落后，农村薪柴问题没有得到有效解决，加之农村存在大量剩余劳动力，进山砍柴屡禁不止，屡封不禁。2000年之后，农村剩余劳动力减少、能源升级转型才逐渐减少了对薪柴的需求和山林的压力，此时封山育林的效果才逐渐显现。长汀县不同治理模式的治理范围也存在显著的差异：人工造林和封山育林的面积最大，农林复合经营、经济林和林草与工程综合治理措施的治理面积都相对较小。显然，治理范围不仅与自然地理情况、气候状况、技术特点和政策倾向息息相关，也与不同时期的土地、劳动力和资本要素禀赋有密切联系。

不同历史时期的土地、劳动力、资本等要素禀赋变迁对水土流失治理模式的选择和效果产生了重要的影响。长汀县山地比重大，自然条件十分复杂，无论在地域层次上还是在地块层次上，适地适树、因地制宜、因势利导成为水土流失治理和生态恢复模式的通用原则。在当地人民和外来技术支持单位的共同努力下，长汀基于社会经济条件创造了丰富而实用的水土流失治理和生态恢复模式。总体而言，2000 年前后是长汀社会经济发生重大转折的一个时间点：土地、劳动力开始变得稀缺，资本开始变得丰富。1980—1995 年普遍选择人工造林这类资本相对集约、劳动力密集型模式，这恰恰与此阶段经济发展水平相对落后、农村存在大量闲置劳动力相适应，以劳动力投入部分替代了资本投入，在资本约束下充分利用当时的闲置劳动力基本完成了荒山绿化和植被恢复。在当时的条件下，长汀缺乏足够的资金条件大规模地使用资金密集型模式（如林草、工程综合治理措施）对强度水土流失区进行重点治理。经济林和农林复合经营是在劳动力富余和资本稀缺的 1990 年代兴起的。它们二者的快速发展受益于农村的大量剩余劳动力，形成了千家万户种板栗、杨梅的局面。然而，即使在 1990 年代末期，经济林和农林复合经营需要政府的大量的资金扶持，是在政府主导下逐步发展的（社会资本对经济林投资热情不高），这使许多政府部门不得不通过经商来扶持经济林发展，扭曲了政府的职能。2000 年后，随着资本变丰富、剩余劳动力减少，经济林和农林复合经营逐渐向社会资本流转，普通农户逐步退出，公司、种植大户、养殖大户、合作社成为经营主力。经济林变得更加资本密集了，最后向生态旅游转变。2000 年以后，资本丰富、劳动力稀缺使得封山育林和林草、工程综合治理措施变得有利起来。林草、工程综合治理措施因其对资本投入的极大需求，在 2000 年之前受制于经济发展水平，实施规模较小。而在 2000 年之后，随着上级政府对水土流失治理的投资加大，以政府为主导，林草、工程综合治理措施成为当时社会经济发展的适宜模式之一。劳动力的稀缺又反过来使资本密集投入成为必要，以替代劳动力。

　　技术模式选择适应于社会经济发展，是长汀水土流失治理的一条重要经验。改革开放以来，长汀水土流失治理模式的选择与社会经济发展下的土地、劳动力和资本价格变化趋势较为一致，从而使长汀能够以较为节约、合理的方式和节奏推动水土流失的有效治理。长汀水土流失治理经历了从轻度地区向强度地区转变，从人工造林、经济林逐步向封山育林、林草与工程综合治理措施转变，实则反映了土地、资本、劳动力的丰裕程度及相对价格的变化。甚至每一种治理模式内部各个阶段的变化和效果，也受到了三者相对价格变化的影响。2000 年以后，劳动力节约型的封山育林模式和资金密集型的林草、工程综合治理模式逐渐成为水土流失区主要的治理模式，是适应并受益于这个阶段的社会经济条件的。生态公益林以自然之力控制水土流失和森林景观恢复，适应和受益于当下农村劳动力稀缺的现实情况。资本密集型的林草、工程综合治理模式，通过增加资本投入来替代劳动力，不仅能够充分发挥生态自然修复的作用，也使人工治理的盲目性大为减少。单纯的经济林、农林复合经营面临越来越高的资本和劳动约束，这也是近年来二者转向生态旅游、拓展单位土地收益的背后动因。大规模的植树造林在土地和劳动力稀缺的情况下，有违自然和经济社会规律，已经难以发生。总之，2000年以来，长汀推动"大封禁、小治理"，坚持自然之力与人力并举，水土流失治理模式选择和社会经济变迁的方向较为一致。这一模式在可预见的将来将继续发挥重要的作用。

第五章 新型林业经营主体视角下的 经济林发展

改革开放以来，长汀将经济林产业发展作为解决生态和贫困问题的重要手段，生态和经济效益显著，也积累了丰富的经验。90 年代以来，随着工业化、城镇化和市场化进程的加快，长汀林业经营主体由改革初期的家庭经营占主导逐步向多类型经营主体并存转变，新型林业经营主体如专业大户、家庭林场、农民专业合作社、林业企业等在长汀水土流失治理和生态产业发展中发挥着日益重要的作用。本章将基于经营主体的视角，对长汀三种重要的经济林——银杏、杨梅、油茶，以及竹林产业的经营主体转变历程、驱动力和效果进行分析。

第一节 林业经营主体的发展历程

一 银杏

银杏为落叶乔木，北亚热带和暖温带是其主要分布区。银杏树生长较慢，寿命极长，自然条件下从栽种到结银杏果要 20 多年，40 年后才能大量结果。"银杏全身都是宝"——银杏叶药用价值高，银杏果营养价值高，银杏树可材用亦可观赏，市场需求潜力大。同时，银杏根系发达，抗逆性强，成活率高，寿命长，是易于实现改善生态、美化环境的经济林树种。长汀县银杏种植集中在策武镇南坑村。

南坑村耕地面积 56.87 公顷，山地面积 831.13 公顷，2013 年人口为 236 户、1126 人。南坑村曾被称为"难"坑村，山秃人穷，"山上无资源，人均八分田，砍柴卖草换油盐，养只肥猪过个年"是 20 世纪 80 年代南坑村的真实写照。南坑村漫山遍野都是极度贫瘠的风化粗砂土，是长汀县水土流失最严重的地方之一。1993 年，全村人均年收入只有 700 元。

1993 年，南坑村在厦门工作的袁连寿和刘维灿夫妇，有感于南坑村的贫困落后，愿意为家乡的脱贫致富贡献力量，在厦门动员社会力量筹集资金，在南坑村成立了凌志扶贫协会。协会支持村民种植油奈、水蜜桃和柿子，养猪可以获得贴息贷款，协会专门聘请了 4 名种果、养猪技术员作技术指导。1994 年，长汀县政府将南坑村列为经济林发展的试点村，种植油奈和柿子树等，以提高村民的经济收入。由于土地贫瘠、缺乏养分，加上没有种植经济林的经验，开始阶段农民积极性并不高。在广泛动员和示范效应下，1995—1998 年，全村开发 66.67 公顷荒地，以农户为单位种植油奈、水蜜桃和柿子等经济林果，初具规模。油奈、水蜜桃一度成为村民的重要收入来源。然而，1999 年，油奈、水蜜桃市场价格大幅下跌，农民收成不多，亏损严重。发展经济林，选择什么树种成为一个十分重要的难题。树种选择既要适合南坑村的自然条件、保持水土，又要考虑市场的风险、当地资源优势、技术难易程度、投资量大小等因素。

1997 年，原长汀县政协主席廖英武到北京，向时任全国扶贫基金会会长的项南同志汇报长汀县水土流失治理工作。当时，全国许多地区正兴起银杏种植的高潮，项南同志建议长汀种植银杏试试。长汀县凌志扶贫协会决定将银杏引进南坑村，通过放录像，开座谈会、现场会等形式倡导村民种植银杏。由于南坑村村民没有种植过银杏，缺乏银杏管理的知识和经验，农民对银杏市场前景也难以把控，所以，农户种植甚少，成活率也低。袁连寿和其夫人发起成立了厦门树王股份有限公司，在南坑村投资种植银杏，以公司来推动银杏的技术引进、加工和销售，带动农户发展银杏。公司成立之初，股东有 10 余人，募集资金 800 万元，以每公顷 54000 元为投资标准，高标准种植矮化密植银杏园。厦门树王公司共开发荒地 153.93 公顷，种植 4 万余株银杏树，总投资约 1200 万元。

南坑村占厦门树王公司 23.3% 的股份，由租地费和南坑村小学校长基金组成。南坑村委将本村集体荒地 153.93 公顷一次性承包给厦门树王有限公司，期限为 50 年，并将土地入股到厦门树王公司。厦门树王公司公益性资助南坑村小 40 万元作为校长基金，学校将这 40 万元入股到厦门树王公司。当时，财政投入严重不足，农村教育主要依赖村民的投入，南坑村小学建设、维护和教师工资主要来自村民的集资。小学也被认同为村集体资产的重要组成部分。

在厦门树王公司和凌志扶贫协会的支持下，长汀县政府为种植银杏的村民提供补贴,第一年每公顷补贴 2250 元,后两年每公顷补贴 1125 元,合计为每公顷 3375 元。村民同时能享受县政府发展经济林的政策,获得种苗、肥料补贴。1999 年后,南坑村多数村民参与到发展银杏中来,种植银杏 133.3 公顷。许多农户在林下种植草被或农作物,发展养殖业,采取了"种养结合,长短结合"的模式。养殖业为种植业提供优质有机肥料,加速资金周转,缓解因种植银杏前期资金投入大、周期长的压力。

南坑银杏产业在发展中面临两个重要的困难,使普通农户逐渐退出银杏管护。一是投资周期长,价格波动大。银杏发展初期,南坑村及厦门树王公司向村民宣传、发动村民种植银杏的时候,农民被告知白果价格为每公斤 40 元,种植银杏的收益远比种植其他经济林的收益高。基于对高收益的期待,南坑村大部分村民才发展银杏。然而,市场中白果的价格波动很大。1980 年每公斤白果收购价 1 元左右,到 1988 年猛涨到每公斤 20—30 元,1997 年达到峰值,每公斤 60 元左右,而 2006 年市场价格降为每公斤 20 元,2013 年白果价格惨跌至每公斤 4—6 元。二是 2000 年后,外出务工比较优势凸显,农村劳动力大量向城镇转移,农民不愿意对银杏进行管护。银杏种植属于劳动密集型产业,需要经常施肥、除草、打药。由于南坑村离县城不远,大量村民大多到长汀县城打工,少数远赴厦门、北京等地谋生,2013 年外出务工的比例达到 50%。村民的兼业化、老龄化趋势明显,而老人、妇女、孩子又无法胜任银杏管护的工作,银杏管护面临严峻挑战。过低的市场价格和高昂的劳动力机会成本使农户不再愿意投入,致使大片银杏林一度荒芜。大量普通农户实际上已经退出了银杏的经营,任由其自然生长。

厦门树王公司的后续经营管护同样面临巨大挑战。一方面,经营管护成本不断上升。人工、化肥农药等生产资料的价格都在大幅度上扬,资金约来越成为公司的重大瓶颈。1999 年,树王公司雇 1 个临时工 1 天支付劳务报酬 12 元,2006 年涨到 60 元,2013 年为 100 元。由于公司合伙人均来自厦门、莆田等沿海发达地区,并无投资和从事种植园的经验,公司将银杏种植园管理决策和监护权委托给凌志扶贫协会。协会将园地划分为 5 个区,聘用技术和管理人员 4 人,包括 1 名农民技术员,4 名护林员。考虑到种植园地处偏僻,劳动监督成本很高,而银杏种植园又是一项长线的投资,公司将聘用的技术和管理人员、护林员津贴的 50% 转为公司股份,使他们能够以股东的身份参与企业决策、分享利润、承担风险。另一方面，银杏生长周期长，迟迟不见产出，缺乏收益来补充公司经营成本。因此，投资人的耐心和信心不断走低。

绿水青山可以变成金山银山。南坑利用远近闻名的闽西银杏第一林发展旅游，成为闽西乡村旅游的典范。经济发展、人民生活水平提高带动了长汀乡村旅游的发展。漫山遍野的银杏、"猪—沼—果（菜）"绿色生态农业和靠近县城的地理优势成为南坑村发展乡村旅游的资本。在国家农村建设和生态文明建设的支持下，南坑村以绿水青山为基础，改善村庄基础设施，调整农业产业结构，招商引资发展乡村旅游设施：实施村庄整理项目，拆除厕所、猪舍、旧房等 125 间 3000 多平方米，新砌防洪堤 42 米，治理河道 1800 米，治理排污水道 32 条 4300 米，新建生产生活道路 2 条 3100 米，新建房屋全部统一部局，院落整洁干净；投资 600 万元建设库容 165 万立方米的绿泉水库，彻底解决全村农田引水灌溉；引进远山农业公司建设"远山农业南坑生态体验园"，规模种植大棚蔬菜 200 多亩；引进福建省客家天地旅游开发有限公司投资开发建设南坑乡村旅游项目。南坑村真正摆脱了靠山吃山的历史，恶劣的土地在精心照料下恢复了生机，每年吸引着成千上万人慕名而来。

二　杨梅

长汀水土流失区原来并没有多少林子，果树更少。对于在水土流失区种植什么果树，长汀县农业、林业和水保等部门也没有经验。1990 年代初期，在长汀对水土流失区开发性综合治理的背景下，林业、农业和水保等部门多方引进、反复试验，寻找适合于水土流失区的树种。1993 年，长汀县从浙江台州引进东魁杨梅品种，试种 3.7 公顷，杨梅性状表现良好，1997 年结果，2000 年进入盛产期。杨梅喜酸性土壤，耐旱、能固氮，长汀产出的东魁杨梅早熟、味甜、个大，具有较高的经济价值和生态价值。然而，长汀林业局并非三洲杨梅的首栽者，首栽者是一名杨梅种植大户——俞水火生。1988 年，俞水火生在房前屋后栽种 2 公顷荸荠杨梅，经过精心管理，杨梅试种成功，证明了杨梅可以在水土流失区生长。

因东魁杨梅生态效益好、经济效益高，2000 年春，长汀县委、县政府决定在三洲、河田两镇水土流失的荒山上，由林业局规划并投资建设万亩杨梅林基地。2001 年开始，长汀县林业局逐步租赁三洲、河田两个乡（镇）9 个村的山地，兴建了 566.67 公顷杨梅基地，其中从三洲镇的集体和村民手中流转了 266.67 公顷水土流失地。林业局委派 4 名技术人员蹲点三洲镇，专人专项负责杨梅基地建设。长汀林业局组建绿汀公司，实行公司化运作、企业化管理，组建专业施工队，采用反坡小平台整地、挖穴、套种豆科类绿色等水保措施，2001—2004 年，4 年共种植 566.67 公顷。在杨梅良好的经济效益、基地和承包大户的示范带动作用下，普通村民看到杨梅种植是治理水土流失的一条致富好门路，纷纷行动起来，在自家荒地或者承包地种植杨梅。同时，长汀县政府抓住福建省委、省政府将水土流失治理列为省为民办实事项目的机遇，争取政策、资金扶持，对连片种植杨梅 50 亩以上的，每亩补助 300 元；连片种植 500 亩的，出资修建果园道路，减轻了农户的顾虑，减少了投资和成本。

杨梅需要精细管理，劳动力投入很大，家庭或小规模企业经营杨梅比政府经营更有优势。2003 年以后，长汀县林业局向大户与企业转让杨梅经营权，根据位置和树木大小，以每公顷 45—75 元的不等价格出租，实际经营管理的效果较好。例如，种果大户黄勤承包了 33.33 公顷杨梅，2007 年有 13.33 公顷产果，平均每公顷产果 3000 公斤，最高的一株产果 50 余公斤，收入 10 余万元。三洲镇杨梅还引进浙江老板前来承包，带来了急需的资金和技术。此时，随着外出务工的增多和芋头烤烟的发展，普通农户种植的杨梅开始疏于管护，并进一步向大户集中。由于杨梅种植属于劳动密集型产业，种植、施肥管护、加工、销售等都需要雇工，杨梅种植带动了当地雇工市场的发展，为附近农民的兼业化提供了就近的工作场所。部分承包的农户与企业自发成立了三洲杨梅协会，交流种植技术，分享种植经验。

自 2007 年开始，三洲杨梅进入正常产果期，1 棵杨梅树可产 20 公斤杨梅，主要销往本县和周边县城，部分批发销售到上海等地。从 2008 年开始，三洲镇连年举办杨梅采摘旅游节，来三洲采摘杨梅、旅游观光的游客逐年增多。2012 年后，三洲杨梅迎来了新的发展契机，成为建设中的三洲水土流失区旅游区的重要组成部分。长汀县政府将三洲杨梅、三洲国家级湿地公园和三洲国家历史文化名村进行整合、建设，试图把三洲水土流失区建设成为生态和历史文化旅游度假区。在三洲—汀江国家湿地公园内，建设"中国杨梅博物馆"，宣传杨梅文化和长汀杨梅产业。2013 年，长汀县成功引进浙江青天实业公司，在三洲镇成立三洲丰盈杨梅农场，打造以杨梅产业化为主体的集杨梅种植业、杨梅下游产品深加工、物流配送、生态旅游观光为一体的现代农业生态园，从而延伸产业链、提高附加值。2014 年，三洲镇出产杨梅 3000 余吨，产值 1.2 亿元，杨梅已成为三洲镇的主导产业。

三　油茶

油茶是一种山地多年生木本油料作物，其茶子出油率高，用途广，对解决食油自给、增加农业用肥、改善农民生活有重大意义。长汀县非常适宜油茶的生长，境内油茶自然分布甚广，生产和加工油茶具有得天独厚的优势条件，是全国油茶产业发展的重点县。

长汀县于 20 世纪 70 年代开始推广油茶种植。1970 年 11 月，长汀县"革委会"发布了《关于加强油茶直播造林的紧急通知》，鼓励大力发展油茶产业，从漳平调进优质油茶种子 21 万斤，动员群众整地种植，大面积种植油茶林，同时要求造林后封山，不让人畜上山。随后，1971 年 9 月发布了《关于大力发展油茶生产加强油茶保护管理的通知》，要求加强油茶抚育、垦复和保护管理，国有林油茶由国家经营单位组织采收，集体山上的油茶由集体按统一规定时间有组织有领导统一摘收，严禁私人采摘和私人加工榨油，严禁越社、越队采摘油茶子；1971 年 10 月发布了《关于做好油茶育苗的紧急通知》，要求开展对育苗土地进行翻犁、下肥、加盖稻草等工作。至 1976 年，长汀县油茶林面积达到 6.7 万亩。1978 年，长汀县"革委会"又发布了《关于建立油茶基地的报告》，决定在南山、涂坊、策武、童坊、新桥、宣成、附城等 7 个公社建立 7 片万亩以上的油茶林基地。同年，长汀县"革委会"和粮食局、林业局联合发布《关于垦复荒芜油茶林有关事项的通知》，要求对荒芜的油茶林调查摸底，并落实垦复任务，对垦复的油茶林符合质量要求的，每亩补助原粮 5 斤，人民币 2 元。但 20 世纪 70 年代的这一波推广中，选种的油茶苗多为实生苗，品种较差，采果效果不佳，经济效益较低，出油率低。时至今日，当年种植的油茶林都已老化或无人管护。

过去，长汀主要靠行政力量推动千家万户发展油茶，种植规模小、发展速度慢、技术含量低。2009 年开始，长汀县油茶产业进入了快速发展期，政府高度重视油茶产业的发展，将油茶列为重点发展的农业特色产业之一，把油茶基地建设摆上重要议事日程，出台优惠政策扶持油茶产业的发展，并把扶持种植油茶作为促进农村奔小康的一项重点工程来抓。自

2010 年以来，长汀县抓住机遇，争取油茶产业项目资金共计 3792 万元，支持油茶种植和低产油茶林改造，5 年新植油茶 5.9 万亩。截至 2014 年，长汀县油茶林面积达 14.82 万亩，新种油茶面积占 4 万余亩，其中公司新种为 1.5 万余亩。茶子加工企业有 10 家，年加工能力约 500 万公斤。

目前，种植大户、企业、公司、专业合作社已经成为油茶产业的主力军。长汀通过实施省级万亩油茶林示范基地建设、现代农业（油茶）生产发展项目、国家发改委油茶产业发展项目，引导资金、技术、劳动力等要素向油茶产业汇聚，并在优良种苗保障、资金补助、技术支持上给予全程服务。政府主导招商引资，积极引导村民成立农业合作社、协会，发展"公司＋基地"模式，推动油茶产品从粗加工向深加工转变。例如，长汀成功引进国家农业产业化重点龙头企业厦门中盛粮油集团，在馆前镇松子岭实施中央现代农业（油茶）产业发展项目，投资创办国家级丰产油茶林基地 1100 亩；福建艳阳农业开发有限公司在涂坊、河田、南山种植油茶林 2 万亩。全县油茶林面积 3000 亩以上的乡镇达 9 个，油茶加工企业 10 家，年加工茶子近 600 吨，油茶产业正逐步成为长汀生态发展和农民增收的重要产业。

四 竹林

鉴于竹林在长汀林业产业和农民生活中的重要地位，为了叙述的方便，我们将竹林编入经济林之中，这与林种分类无关。竹业是长汀县农业主导产业。过去，一家一户是毛竹的主要生产单位。近年来，长汀竹业不断向着规模化、集约化方向发展。在毛竹生产上，长汀县加大招商引资力度，推进竹山规模流转，推动农民成立竹业专业合作社或竹业协会。在毛竹加工上，大力发展毛竹加工规模企业，以龙头连接市场、带动基地，深化笋竹产品的加工增值。农民专业合作社成为长汀县毛竹生产和加工的新型经营主体。本书以长汀县绿源竹笋专业合作社为案例，分析毛竹合作社的发展和运行。

绿源竹笋专业合作社成立于 2008 年 3 月，是一家专门从事毛竹产业营造、开发的合作经济组织。合作社由 5 名股东集资 5 万元注册建立，社员主要是铁长乡及周边地区的村民，共拥有毛竹林 14 公顷。2011 年合作社扩张，注册人数达 152 人，均以现金形式入股，募集现金 187 万元，林地扩张到 533.3 公顷。2013 年，合作社重新注册，注册社员 282 人，其中 130 人以山场折价入股，农民占比 70% 以上，注册资金 518 万元。合作社拥有 1 家竹笋加工厂，1 家竹制品加工厂，收购社员的毛竹、春笋和冬笋，雇工成本从 2008 年的每天 40 元增长到 2013 年的每天 70 元。绿源竹笋专业合作社的机构由社员代表大会、理事会和监事会构成，其中理事会成员 7 人，包括副董事长、监事长、财会人员等，理事会成员主要由少数拥有较多资源和股金的核心成员组成，合作社每年至少召开两次股东大会。

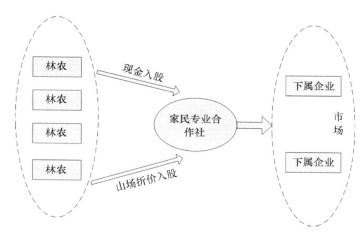

图 5 – 1　绿源竹笋专业合作社运行图

　　绿源竹笋专业合作社的产权结构脱离了传统意义上"社员所有"的形式，形成核心成员（现金入股的 152 人）与普通社员（山场折价入股的 130 人）并存的结构，以现金入股的社员才能享受保息分红的政策优惠。下属公司的出现也打乱了原有的产权结构，使得"社员所有"的产权结构受到制约，下属公司由于在市场信息获取渠道、销售渠道上较强于合作社社员，因此，其在与社员的购销关系中往往占据主导地位。绿源竹笋合作社经营林地 1000 公顷，其中通过流转获得 200 公顷竹林 30 年的使用权，一次性支付每公顷 9000 元的租金。另有 300 公顷竹林以合作经营的方式取得经营权，其余竹林均为社员所有。

　　合作社在技术、价格和政府扶持上有着一定的优势。绿源竹笋专业合作社定期邀请长汀县林业局林业科技推广中心组织技术培训，每班限 50 人，成员可自愿参加；合作社竹林经营面积大，还收购一定数量的竹笋，形成了规模，生产用物资量也大，这有利于与采购商和供应商谈判，取得合理的价格；同时，价格信息采集相对成本也大幅度下降，合作社每年还可从政府获得 10 吨肥料补贴。2012 年，合作社申报了 666.67 公顷的低产竹林改造项目，获得省级财政支持资金 100 万元。绿源竹笋专业合作社被评为省级示范点，获得省级 20 万元、市级 3 万元的奖励，合作社将奖励基金用来扩大合作社的经营面积。

绿源竹笋专业合作社利益分配机制主要有三种形式：（1）价格保护机制。绿源竹笋合作社社员与合作社及其下属企业建立稳定的购销关系，社员提供的竹原材料能在销售和价格上得到利益保护，而合作社下属企业可以获得稳定的原材料，实现双赢。（2）利润返还机制。绿源竹笋专业合作社以现金形式入股的股东，优先分得月息为 1 分的保息分红，结余利润的 70% 给社员分红，10% 为企业管理费，10% 公积金用于扩大生产经营或弥补亏损，10% 公益金用于成员的技术培训等福利事业（参见表 5 - 1）。2013 年，社员可分红 14 万元，股东大会决定将利润全部留存在合作社，用于合作社的扩张。（3）契约、合同机制。通过签订合同或者契约，在农民专业合作社与林农之间建立稳定的利益关系。绿源竹笋合作社同林农签订合同，林地使用权依旧归村民所有，合作社帮助林农经营毛竹地，最终获得的收益除去管理费、人工成本后，五五分成。

表 5 - 1　　　　　　　绿源竹笋专业合作社利润分配表　　　　　单位：万元

年份	合作社总收入	合作社开支	社员分红总额	公益金	公积金	企业管理费
2012	1000	960	28	4	4	4
2013	2100	2080	14	2	2	2

第二节　新型林业经营主体发展的驱动力

长汀县积极响应国家大政方针，顺应经济发展趋势，因地制宜地调整当地林地制度安排和经营模式，采取多种形式支持新型林业经营主体的发展，使它们更加适应和促进长汀县经济林的发展。在这一进程中，长汀县经济林经营主体从小农户逐步向专业大户、林业企业、农民专业合作社等多元社会主体转变，专业大户、林业企业和专业合作社日益显示出强大的生机和潜力。长汀新型林业经营主体的发展是政府、市场化改革、产权改革和劳动力转型等多方合力的结果。

长汀县是经济欠发达地区和严重水土流失区，政府有发展经济和改善生态的压力和动力，而经济林在很大程度上能够兼顾这两个目标的实现。作为经济欠发达地区和严重水土流失区，如果寄希望于农民自发地在水土流失区投资山林、植树种果不太现实，因为农民在技术、资金和管理上都面临巨大的困难。更何况经济林投资周期长、技术难点多、市场风险大，非一般农户所能胜任，小农经济越来越难以适应市场的激励竞争。从经济和生态效益的角度，地方政府对新型林业经营主体有着天然的偏好：从经济来看，扶持新型林业经营显然更有利于地方政府将有限的资金、技术和组织最大化使用，推动地方经济增长；从生态效益来看，新型林业经营主体更能够促进水土流失区的植被尽快得到恢复，利于成片治理。在经济发展和生态建设的社会大背景下，政府主动介入是长汀县经济林经营主体变迁的主要动力来源。在长汀县，资本和技术引进、合作社成立和发展、企业化和股份化经营大多是在政府主导下推动起来的。长汀充分借助政府在信息、技术和资源等方面的优势，实现经济林经营主体的变迁。

长汀县政府在各个环节积极培育新型林业经营主体，促进其良好发展：一是政策上积极落实中央部署，争取上级政策和项目支持。结合2007年国家出台实施的《农民专业合作社法》，2009年国家林业局发布的《关于促进农民林业专业合作社发展的指导意见》和相关中央"一号文件"精神，出台了相关的实施意见。积极争取上级经济林产业项目，扶持本地规模和集约经营。例如，自2010年以来，长汀县争取油茶产业项目资金共计3792万元，支持油茶种植和低产油茶林改造，5年新植油茶5.9万亩。二是做好技术引进、示范、推广和培训工作。政府部门积极介入经济林的引进、试验中，突破技术难题后向社会推广，并形成示范效应，带动更多社会主体参与。银杏和杨梅的引入就是长汀各级政府及其相关部门积极努力、不断尝试、反复试验的结果。三是出台优惠政策招商引资，完善基础设施建设，提供信息和技术支持，营造良好的生产环境。长汀将林业产权制度改革与财税激励措施相结合，综合运用免征农业特产税、财政补贴等方式降低投资开发经济林的成本和风险。对在中强度水土流失区开发营造经济林的公司给予低息贷款，规定"果树投产后前3年免征特产税，后3年减半征收特产税；果树投产后5年内免征所得税；果树投产前免征土地租赁金"等财政补贴政策。对新造油茶林和油茶林低改的每亩分别补助 300 元、150 元，对毛竹林集约经营项目每亩补助 100 公斤毛竹专用肥等。长汀林业局和水土保持局大力帮助杨梅、银杏和板栗基地修建道路、水利设施和旅游设施。这些政策更有利于规模化和集约化经营。五是明晰产权、确权发证，促进林地流转，将林地资源盘活。新一轮林权制度改革使得承包经营权通过登记发证、明晰产权的方式长期稳定下来。确权发证后，越来越多的林地资源流向市场，为各类经营主体投资营造经济林提供了大量机会和广阔空间。龙头企业也正是以此为契机得到了迅猛发展。林业部门通过搭建平台，引导林地有序流转，在全县 17 个农村乡镇林业站建立林权流转交易服务平台，引导林农以入股、合作、租赁、互换等多种形式流转林地，并及时办理变更登记和核发新林权证。据统计，长汀县以转让、出租、合作等形式流转林权面积达 9.92 万公顷。

新型林业经营主体是在长汀快速工业化、城镇化和市场化的大背景下产生的。家庭经营曾是我国农业经营的主要形式，其局限性随着我国经济社会的发展而日益凸显。在长汀水土流失区，与农业经营相比，小农户经营经济林的局限性很早就出现了。在水土流失区，90 年代以前，由于农民收入水平、市场条件、政府补贴等没有跟上经济林发展的要求，加之开发种植经济林投资成本高，投工、投肥量大，经济效益低且见效慢，因此，虽然进行了多种尝试，开发种植经济林的效果并不理想，真正以户或联户承包开发的不多，绝大多数农民承包山林后就放之任之了。90 年代末期和 20 世纪初期，水土流失区曾经出现过一波农户积极种植板栗、杨梅和银杏的小高峰，但随后出现了很多问题：经营规模小，劳动投入多于资本投入，资本主要来源于自身积蓄或亲朋好友处，依靠传统经验经营，接受先进技术灵敏性差，对种苗、施肥等先进的管理技术需求相对较弱，承受市场价格波动的能力较弱，缺乏对市场信息的了解和对趋势的把握。随着外出务工成为普遍现象，许多农户种植的经济林都逐渐荒弃了，生态和经济效果不佳，达不到政府治理生态和发展经济的要求。

与专业化的经营者相比，小规模农户采用先进技术的激励和能力有限，政府提供公共服务的成本也较高。小规模农户难以对接和融入产前、产后各个环节的产业链条，在与技术和组织化程度较高的工商资本竞争中处于弱势地位，容易被边缘化。经济林发展远比只考虑生态效益的植被恢复措施来得复杂，其具有投资量大、管理技术要求高、市场风险大等特征，需要政府、集体、林农的共同协力，还要借助外来企业、外来技术的协助。经济林生产有规模效应，集约化和规模化经营有利于有效供给林产品。林业企业在林业经营的产前、农资产销、产后的产品加工、流通等环节比小规模农户有优势，还能提升产品的价值链。同时，在长期的家庭经营中，农村分化也是长汀新型林业经营主体发展的一种驱动力，农民职业、地位、能力的分化使得一部分农户凭借着经验、勇气和对市场的敏锐把握涌现出来，成为专业大户。

新型林业经营主体的发展是市场经济规律的必然要求。30 多年市场化改革扩大了商业资本的力量，经济发展和生活改善又增加了全社会对林产品的需求。长汀林权改革为工商业资本进入农村和山林提供了空间。由于长汀政府和乡村内部缺乏资金，乡村内部劳动力、资金外流严重，资本上山下乡不可避免。借助长汀县政府的扶持，工商业资本往往采取公司 +农户、合作社、流转、股份合作制等方式进入农村。越来越多的工商业资本在地方政府招商引资的引导下，投资经济林果开发、山林经营、生态旅游，促进地方绿色经济的升级和发展。例如，新扩大的油茶、竹林、杨梅种植面积多是由龙头企业来推动的。

第三节　新型林业经营主体的经营效果

新型林业经营主体无论是在经营规模、资本投入、技术、市场信息获取渠道还是政府支持、生产组织化、分工专业化上与小规模农户经营相比，都具有较大的优势。同时，新型林业经营主体在发展中仍然面临许多政策、土地、市场和经营管理等方面的不足。

林业经营具有规模效应，而规模化、集约化经营是获得规模效益的基础。新型林业经营主体较小规模林农而言具有更强的政策、资金和价格谈判能力，能够以最低的价格、较大的规模一次性流转林地，承租时间长。例如长汀立金家庭农场，最初租赁 300 多公顷山场种植油茶，后来又增加租赁 73 公顷，建设优质、丰产油茶示范基地，成为全县最大的家庭油茶基地。新型林业经营主体往往需要大规模投资的驱动，资本投入水平较高，组织化、专业化程度保证其在经营、管理、技术层面上都有较高水准，在项目开发、基础设施建设和劳动力雇佣上拥有经验和投资能力。由于拥有更多"话语权"和谈判能力，新型林业经营主体能在与其他上下游企业谈判中，以较为优惠的价格购买生产资料和销售产品。

与小规模林农相比较，新型林业经营主体的技术优势较为明显。新型林业经营主体在市场信息上的优势，使其能获得优选后的经济林良种，也能不断引进外来经济林树种，进行本地化经营，推动本地技术创新。例如，远山油茶公司十分重视运用先进的科技成果，先后与福建省林科院、福建农林大学、赣南林科院签订技术支撑合作协议，在基地开展油茶选育，选用赣州油、长林系列、赣无系列等无性系良种油茶种苗，开展不同经济林农林复合经营栽培模式优化试验。遵循因地制宜的原则，采取合理清理林地，挖大穴、下基肥、回表土、抚育施肥等措施种植和管理油茶林。茶苗成活率较高，已成规模，被认为是长汀县油茶生产的科技示范基地。许多新型林业经营主体本身就是先进技术的载体。长汀三洲镇有近2000亩杨梅树因老化、退化而不结果。三洲镇招商引进浙江有丰富杨梅种植经验的商人，成功找出病因，不仅带动了杨梅产业发展，还通过培训、考察向周围种植户推广了先进种植技术。

新型林业经营主体对小农户有积极的辐射和带动作用。林业企业以林产品加工或流通为主，通过不同利益联结机制与林农建立联系，带动林农进入市场，促进林产品产供销相结合。农民专业合作社将社员的劳动力、资金、土地和技术等生产要素集合在一起，由散变聚，形成了规模化的经营优势，提升了单户的市场竞争能力。农民专业合作社有效地将林农与市场建立起联系，实现产供销一体化，从而保护了家庭经营的独立性，又克服了单户经营的分散性，林农组织化和专业化程度显著提高。合作社能够集合市场信息、技术优势，并传递给所有社员，在一定程度上使林农规避了来自市场的风险，提高了市场适应和拓展能力。合作社本质是服务社员，社员接受其培训、技术指导，而且，社员与社员之间的沟通和交流也能促进技术的分享。

新型林业经营主体往往容易得到中央、省、市、县级政府大量的项目资金支持。从林地流转、金融服务、政府扶持项目、技术推广、基础设施建设等方面，各级政府的扶持一般都向新型林业经营主体倾斜，甚至成为许多新型经营主体的重要资金来源。这有助于降低经营风险，推动规范经营和集约经营。例如，远山公司140公顷油茶示范林被纳入2011年现代农业（油茶）项目，291公顷油茶示范林纳入2012年现代农业（油茶）项目，另有87公顷油茶示范林得到了2012年中央财政农业综合开发示范项目资金支持。除此之外，长汀县水保局帮其修建了 1.9 公里便道，施肥 66.67 公顷。

　　培育新型林业经营主体的发展需要处理好小规模林农和新型林业经营主体的关系。在可预见的未来，小规模林农仍然是竹林、油茶等的主要经营主体。经济林不仅有生态和经济效益，还具有社会效益，是大多数留守农民的重要谋生方式。如何扶持小规模林农、避免新型林业经营主体的挤压和俘获效应，成为地方政府在经济林发展中需要协调好的一对重要关系。同时，在经济林发展中要防止新型林业经营主体出现异化的趋势，防止对农民利益的侵犯，防止以经济效益牺牲生态效益的发生。政府支持与新型林业经营主体需求的配套性和衔接性也是一个有待解决的问题。

第六章　分权改革、治理能力建设和水土流失治理

　　十一届三中全会的召开标志着我国进入改革开放和社会主义现代化建设新时期，经济发展、生态治理得以安定地开展。在此背景下，长汀县政府把工作重心转移到经济建设上，相继实施了家庭承包责任制、政府体制、财政体制、市场化和国有企业等一系列改革。这其中，家庭承包责任制和政府财政分权改革对长汀水土流失治理影响最大，增加了地方政府和农民的经济自主性和独立利益诉求。经济发展和脱贫致富被地方政府和农民视为第一要务，农民参与约束和地方政府财政约束成为长汀水土流失治理面临的两大挑战。应对不足，不进则退；应对好了，进则全胜。在经济社会快速转型的压力下，长汀县努力增强政府治理水土流失的能力，积极构建水土流失治理体系，取得了水土流失治理和森林植被恢复的重大胜利。长汀县解决农民参与约束和政府财政约束的做法和经验构成了水土流失治理经验的重要组成部分。本章将探讨在财政分权改革的背景下，长汀县政府如何利用技术化治理、组织化建设来强化政府能力建设，以有效地应对水土流失带来的生态和贫困危机。

第一节　经济社会转型中的地方政府角色和行为

　　1980 年代行政和财政分权改革以来，地方政府在我国经济社会转型中扮演着举足轻重的角色。这一分析视角与发展中国家分权改革和社会主义国家转型的历史背景不谋而合，为分析中国经济发展、市场化改革和政府治理等提供了有效的指导。学界对于改革开放以来地方政府在经济发展和生态建设中的角色进行了许多有意义的探讨：一是"发展主义的地方政府"观点（Oi，1995）。提出了地方法团主义、地方政府即厂商、地方

政府公司化、地方性市场社会主义、村镇政府即公司和谋利型政权经营者等概念，成为分析地方政府角色和行为的重要视角（丘海雄、徐建牛，2004；荀丽丽和包智明，2007）。财政分权改革强化了地方政府的经济角色和激励，地方政府既是国家政权在地方的代表，行使各项国家职能，又有自己独立的利益诉求。二是"无处不在、无所不能的政府"观点（冯仕政，2011）。这根植于共产党的使命，山河破碎被认为是政府执政失败的象征，不符合政治追求和政治宣传中塑造的形象。三是"危机应对型政府"观点（Graeme Land，2002）。在生态环境领域，当生态环境危机危及政府的执政合法性（如 1998 年长江大洪水），政府会积极地作出反应、干预。归结起来，生态环境问题既有可能危及政府的执政合法性，又受到地方政府现实激励和能力的约束。

在分权改革和权威体制的影响下，地方政府普遍存在以下行为特征：（1）地方政府和官员视经济增长为第一要务，以牺牲生态环境为代价发展经济，致使生态恶化、资源紧张和资源浪费严重（周黎安，2007；杨海生等，2008；张克中等，2011）。（2）生态建设经济化、产业化，给地方生态环境带来许多不确定的风险（荀丽丽和包智明，2007；Jiang，2006）。（3）技术治理趋势明显，目标责任制治理、项目治理、运动治理成为地方治理的常态，非正式制度十分活跃（渠敬东等，2009；狄金华，2010；周飞舟，2012；周雪光，2014）。（4）部门下乡和资本下乡成为趋势（仝志辉和温铁军，2009；郭亮，2011）。现有研究为我们观察地方政府提供了有益的视角。

第二节　分权改革对长汀县水土流失治理的影响

20 世纪 80 年代，中央政府把许多事权、财权下放到地方，使地方拥有相对自主的经济和行政决策权，县、乡政府负责提供相应级别的地方公共物品，如义务教育、基础设施、社会治安、卫生保健、计划生育、环境保护、行政管理等。以财政包干为主要内容的财政分权对这一时期的地方政府行为影响最大。财政收入在中央和地方之间分享，地方经济发展越快，留存越多，这样的政策安排有利于激励地方发展经济。

1980 年，长汀县开始执行中央对福建省实行的财政包干任务。财政上划分收支，定额补助，五年不变。税收增收部分 50% 留县，县办工业利润 60% 留县，亏损者，县负担 20%。屠宰税、房地产税、车船牌照税、牲畜交易税、集市贸易税全部留县。基于长汀县为贫困县，龙岩地区对长汀县财政实行递增补助包干办法，在包干基数确定后，县财政自求收支平衡。财政包干制拉开了发达地区和落后地区的收入差距，弱化了贫困地区财政自我造血和供血的能力。在长汀县，1980 年代乡镇企业发展缓慢，而县办企业经营管理不善。县办企业收入从 1984 年开始逐年减少，1986 年企业收入出现赤字 163.32 万元。财政大包干后，长汀县地方财政一改过去收大于支的情况，几乎年年出现支大于收的情况，为中央、省、市财政补助的县。1984—1987 年，上级补助款均超过同年县财政收入。"六五"时期（1981—1985 年），长汀县财政收入为 7839.63 万元，其中上级补助收入占到全部财政收入的 48.89%。1988 年，县财政预算内收入仅 1842 万元，而预算内支出为 3699 万元，收与支相差 1857 万元。面对财政赤字，长汀县不得不想方设法增加预算外收入，1981—1985 年，预算外收入共 729.79 万元，年均 145.95 万元，比之前的任何一年都多（福建省长汀县地方志编纂委员会，1993）。

1994 年起，分税制在全国推行。作为欠发达地区，分税制的实施没有从根本上改变长汀县高度依赖上级财政转移维持运转的状况。分税制的具体办法以 1993 年收支决算数为基础，在此基础上，收大于支的定额上缴，支大于收的定额补助。分税制改革以后，中央对长汀县的财政专项和转移支付规模越来越大。1994—2003 年，长汀县财政支出均大于财政收入，靠上级财政给予大量财政补助。1995—2002 年，长汀县累计税收返还补助、专项补助、转移支付补助和其他上级补助收入 55256 万元，年均 6907 万元，占县财政收入的 50% 以上（长汀县地方志编纂委员会，2006）。长汀县财政收入从 2004 年的 12513 万元增加到 2011 年的 78666 万元，其中，地方级收入从 2004 年的 8510 万元增长至 2011 年的 42875 万元；中央级收入从 2004 年的 4003 万元增长至 2011 年的 35791 万元。一般性转移支付补助和专项转移支付补助收入从 2004 年的 23331 万元增长到 2011 年的 102686 万元（长汀县地方志编纂委员会，2014）。向上级争取转移支付成为长汀县解决财政收不抵支、公共物品供给的重要手段。这意味着，一旦上级扶持减少，长汀县政府供给本地公共物品的能力将受到严重削弱。

80 年代以来，政府分权让利改革在促进长汀县地方经济发展的同时，对长汀县政府治理水土流失带来了许多不利的影响。实际上，长汀县水土流失治理过程中碰到的许多问题，都与分权让利改革后地方政府财政有限有关。一是地方政府行为短期化，更加注重经济增长，倾向于将精力投入到可以带来短期经济效益和增加税收的地方，容易忽视需要长期投资的、见效慢的水土流失治理。水土流失治理需要为经济建设这个中心服务，分散了水土流失治理的精力。二是水土流失治理部门存在"越位"和"失位"现象。为了弥补政府投入不足，一方面，水保部门、林业部门想方设法设立部门行政性收费，"广开财路"，成立各种经济实体或依托原有单位上山搞大种大养以及一些经营性活动，导致偏离主业、存在侵害农民利益的现象。另一方面，经济发展和山地开发对水土流失预防、防治和监督产生了巨大的压力。三是缺乏稳定、有效的县财政支持机制，影响水土流失治理如期、顺利实施。由于县财政困难，县政府投入或配套资金不到位，或占用上级下拨专款等，导致治理工作计划难以落实。四是上级财政扶持对水土流失治理的进度和效果至关重要。过度依赖上级财政拨款，必然导致上级财政扶持多，则治理进度快；上级财政扶持少，则治理进度慢。例如，90 年代上级治理经费大幅度减少，导致治理规模从 80 年代每年治理面积 2000 公顷左右减少到 90 年代每年约 400 公顷。此外，治理经费突然减少容易产生重治轻防、重种轻管等问题。

改革开放初期，政府分权改革总体上不利于长汀县政府主导水土流失的治理。以经济建设为中心的发展导向、地方财政增长滞后于财政支出需求的状况，削弱了长汀县政府治理水土流失的能力。如果不是长汀县政府积极采取各种措施应对、迎难而上，可以预见，政府分权改革的压力将会使长汀县水土流失与全国许多地方的生态环境一样，在改革开放的进程中受到更为严重的破坏，而不是朝着不断改善的方向迈进。步履维艰彰显了成果来之不易和经验可贵。

第三节　技术化治理

一　上级政府的项目扶持

政府分权改革后，长汀县政府和相关部门、乡村集体、社区群众对水土流失治理的能力趋向弱化，然而，正是理论上弱化了的主体促成了长汀县水土流失的有效治理。中央政府通过对经济落后地区的财政转移支付，使得落后地区可以分享经济增长的好处。财政转移支付在财政包干制中就已经作为平衡区域发展的手段，分税制改革后，中央政府有更为充足的财政实力来促进区域平衡发展和生态建设。作为贫困地区，长汀自然成为中央和福建财政转移支付的重要对象。

中央、省和市政府的积极扶持构成了长汀县水土流失治理最为重要的外部力量。1980 年，长汀县"革委会"农林水办公室向省农办申请恢复成立长汀县河田水土保持站的报告中写道："将水土保持经费从原来小型水利、农建、水土保持等项目中分开，专项拨给我县水土保持站开支。每年 18 万元，其中治理山水、林业研究、推广试验、购置仪器等 16 万元，编制人员 18 人工资和办公经费 2 万元。"从中可一窥当时水保治理力量的全部家当。可以说，1983 年前，长汀县水土保持资金、技术、人员匮乏，缺乏稳定的政府扶持渠道和财政支持机制。

1983 年，时任福建省委书记的项南视察长汀县水土保持工作，拉开了长汀县大规模治理水土流失的序幕。项南视察对长汀县水土流失治理的重要意义，不应简单理解为每年 30 万元煤补、20 万元苗木扶持的固定支持。更为重要的是，项南视察后，长汀县水土流失治理成为福建省水土保持工作的重点和试点，受到省委、省政府的高度重视，纳入县委、县政府工作的重要议程并成为县委、县政府的重要工作。福建省政府将长汀作为福建省水土保持工作的重点和试点地区，"八大家"在政治、财政、技术等方面给予支持，为该县水土流失治理打造了一个高水平的平台和基础。"八大家"开始集中力量治理以河田镇为中心的长汀县水土流失区（以下简称河田治理区）。

首先，长汀县水土流失治理超越了长汀县水土保持、林业部门的部门局限，从部门抓变为县政府抓，地方治理变为省地共同治理。省政府组织了省林业厅、水电厅、农业厅、水土保持办公室、福建农林大学（原福建林学院）、福建省林业科学研究院（原林科所）、龙岩地区行署、长汀县政府等"八大家"接受了承包、支持、检查、督促治理河田治理区的任务，帮助河田解决在水土流失治理中遇到的政策、资金、技术问题。对一个以经济建设为中心的地方政府而言，省级试点和"八大家"支持实际上让长汀县水土保持在地方政府的发展议程中拥有了一席之地，可以有稳定的政治资源支持，一心一意搞治理，在很大程度上避免了地方发展主义的冲动对水土保持治理工作的干扰。改革开放初期，这一省级层面的政治支持平台和重视，不仅在当时全国大部分地方的生态环境治理中所少见，也是很多县级层面公共物品的供给（如教育、医疗和社会保障等）所不能比拟的——这导致大部分地方的生态环境、地方公共物品供给在改革开放初期恶化了。而长汀县一开始就抓住了解决政府分权改革压力的关键，受到了来自上级政府的高度重视，避免了经济建设造成生态环境的持续恶化。

其次，八大单位作为长汀县水土流失治理的重要财政渠道建立起来了，至今仍然发挥着有效的作用，为长汀县积极争取上级政策、项目、资金和技术、市场支持提供了稳定的合作框架和机制。省政府从1984—1991年每年拨给长汀县一万吨煤炭指标，30万元煤贴，划拨树苗款20万元，让长汀县水土保持部门拥有了第一笔独立于县政府、专门用于水土流失治理的资金。1983—1987年，"八大家"支持河田镇的经费共计75.195万元。其中无息贷款13.2万元，优质化肥10多吨，种苗几十万株（不包括省林业厅、省水保办的固定补助经费）。

再次，项南与地方干部群众一起总结的水土流失治理"三字经"构成了长汀县水土流失治理的技术基础和指南。"八大家"还为长汀县水土流失治理送来了紧缺的治理技术，共计100多人次科技人员到镇、村协助制定水土流失治理的规划和措施，这为大规模水土流失治理奠定了技术保障。

"七五"（1986—1990）期间，中央以工代赈工程成为长汀县水土保持的主要资金来源。五年期间，以工代赈工程实际转化金额315.92万元，加上地方财政支持和农民自筹资金，总投资768.62万元，年均153.72万元。以工代赈工程稳定的专门治理资金使长汀县水土流失的治理以河田为中心，以小流域为单位，由点到面铺展开来，与"八大家"的支持一起掀起了长汀县水土流失治理的第一个高潮。这期间，长汀县每年治理面积可以达到2000多公顷。根据1995年统计数据，长汀县水土流失面积从1985年的97460公顷减少到1995年的74733公顷，年均减少面积2000余公顷。

20世纪90年代，上级扶持经费大幅度减少，长汀县水土流失治理陷入低潮和自力更生阶段。1983—1994年，上级各部门共扶持水保经费1200万元，年均100万元，而1995年上级扶持烧煤补贴、小流域治理及以工代赈各项水保经费仅117.1万元（其中80万元为煤补）。考虑到物价上涨因素，实际投入大幅度下降了。

　　上级经费大幅度减少使政府分权改革对水土流失治理的压力全部凸显出来，导致长汀县水土流失治理规模和治理方式的调整。80 年代每年治理面积 2000 多公顷，而 90 年代平均每年仅 400 公顷。1995—1999 年期间，由于上级拨款减少，县投入或配套资金不到位，或占用上级下拨专款，长汀县每年水土流失减少面积仅为 193 公顷。如 1998 年，省市下拨专款 107.5 万元，县财政没有按时支付给水土保持部门，加上 1997 年尚欠 50.7 万元，这导致 1998 年治理计划无法如期实施，严重影响了水土保持工作的开展。1998 年，长汀县水土保持事业局全年收入总额仅为 45.63 万元，支出总额 133.98 万元，收不抵支，亏损 88.35 万元。这些收入除去部门正常的行政性开支，已经没有多少收入可以用来治理水土流失，不得不依靠银行借款来完成山地治理开发的任务。县政府专项扶持的治理经费不多，仅在农业发展基金中拨出 20 万元作为水土保持专项资金。

　　县政府动员各部门自力更生进行开发性治理。很大程度上，这个时期，长汀县水土流失治理由生态型治理向经济开发型治理转变是上级拨款减少给逼出来的。水土流失开发性治理被纳入县农业综合开发的框架下，大规模实施经果林基地建设，成为经济建设和农业产业化的一部分。林业、水土部门需要自主创办经济实体实现经济创收，逐步回收部分资金，不断积累水土流失治理发展资金。1991—1995 年，累计种植经济林果面积 478.86 公顷，经济开发型治理占总治理面积的比例由 80 年代的 1.3% 增长到 14.7%，占强化治理面积的 30%。水土流失治理需要为经济建设这个中心服务，分散了水土流失治理的精力。这一时期的开发性治理本身没有错，为下一阶段发展特色林果业积累了经验，打下了基础，但由于机关事业单位缺乏管护激励和精力，后期出现了政府部门投资不足、管护不到位、投资缺乏效率等问题，影响了生态和经济效益的发挥。

　　上级政府对长汀县水土流失治理的主要扶持项目见表 6-1。长汀县林业部门 20 世纪 80 年代末 90 年代初期的消灭荒山运动、"三五七"造林绿化工程①是这一时期水土流失治理的亮点，奠定了长汀县水土流失区植被恢复的基础。县林业部门的造林活动在林业"三定"改革之后逐渐开

————————

　　① 1990 年，福建省林业工作会议要求在 37 年内完成全省宜林荒山绿化任务，建造 5 个基地，简称"三五七"工程。

展。1983—1985 年，在河田镇造林 3000 公顷，封山育林 26666.67 公顷。1988—1995 年期间，为尽快扔掉荒山县的帽子、加大造林力度，长汀县共完成造林 38200 公顷，其中，1988—1991 年三年完成造林更新合格面积 24066.67 公顷，于 1991 年提前一年基本完成宜林荒山造林任务，被授予"全国造林绿化先进单位"称号。1993 年，县林业局租用了东方航空公司安徽分公司两架民用飞机，在河田、三洲和濯田等强度水土流失区的无林地实施飞播造林 8680 公顷。此后，林业部门加强飞播区抚育管理，采取补植补造措施，落实管护责任，加快了水土流失区的绿化步伐。

表 6 - 1　　　　上级政府对长汀县水土流失治理的主要扶持项目

时间	扶持项目	主要扶持内容	年均水土流失减少面积（公顷）
1983—1987	项南视察，河田列为福建省水土保持工作的重点和试点	1983—1991 年，省政府每年提供 30 万元煤炭补助、20 万元苗木扶持；1983—1987 年，"八大家"支持经费共计 75.195 万元，优质化肥 10 多吨，种苗几十万株	2066（1985—1995）
1986—1990	国家"以工代赈"工程	实际转化金额 315.92 万元，加上地方配套和自筹资金，总投资 768.62 万元，平均每年 153.72 万元	2066（1985—1995）
1992—1999	福建省水土保持工作的试点	省政府每年补助 80 万元煤补，从河田、三洲扩大到策武、濯田等 7 个乡镇	193（1995—1999）
2000—2010	长汀县列入福建省十大为民办实事项目	省政府每年补助 1000 万元，市每年补助 190 万元	3818（2000—2009）
2001 年之后	国家和省级生态林补偿	2001—2012 年，共发放森林生态效益补偿基金 9716 万元，18.8 万林农直接受益	3205（2000—2011）
2004—2011	国家预算内专项投资水保项目、国家水土保持重点工程项目、国家新增投资项目等	2004—2011 年累计投入资金 1.6 亿元	3277（2000—2012）

1999 年 11 月，时任福建省代省长的习近平考察长汀县水土保持工

作，决定 2000 年和 2001 年把长汀县水土流失综合治理列入为民办实事项目。2000 年，福建省委、省政府决定 10 年内每年拨款 1000 万元，龙岩市配套 190 万元，专门用于水土流失治理，并上报长汀县为国家水土保持重点县。长汀县水土流失治理迎来了跨越式治理时期，年水土流失减少面积从 90 年代的 200 公顷上升到 3000 公顷以上。经历 90 年代的大规模开发性治理，长汀县依靠自力更生的模式已经难以为继，农民参与治理的积极性不高，县政府扶持后劲不足，水土流失治理进入逆水行舟、不进则退的境地。对于长汀县这样的经济欠发达县，面对 100 多万亩亟待治理的水土流失区，1000 多万的省市财政扶持无疑是雪中送炭。2004 年后，随着国家财力增加、对欠发达地方专项转移支付的倾斜，长汀县争取到国家预算内专项投资水保项目 7 个，国家水土保持重点工程项目 3 个，国家新增投资项目 1 个，至 2011 年，8 年累计获得项目资金 1.6 亿元。福建为民办实事项目和国家专项资金对长汀县水土流失治理带来的促进作用，可以在一组数据对比中看出。1985—1999 年，长汀县治理水土流失面积 45 万亩，减少水土流失面积 35.55 万亩，但仍有 100 多万亩的水土流失区亟待治理。自 2000 年起列入省委、省政府为民办实事项目后，10 年累计治理水土流失面积 111.8 万亩，减少水土流失面积 62.28 万亩。

2000 年以后，国家和省级生态公益林补偿制度的实施为长汀县水土流失治理和巩固治理成果提供了至关重要的支持。2001 年，长汀县将 116.3 万亩森林划为生态公益林，占县林业用地面积的 30%，其中有 74.9 万亩分布在水土流失区，占生态公益林面积的 64.4%。水土流失区的生态公益林区实施全封山，禁止打枝、割草、放牧、采伐、采脂和野外用火，禁止毁林开垦和毁林采石、采土建设等。2001—2012 年，长汀县共发放森林生态效益补偿基金 9716 万元，18.8 万林农直接受益。生态补偿资金在林业部门、村集体和农民之间进行划分，有效地调动了管护队伍和农民的积极性。以 2012 年为例，长汀县支付森林生态效益补偿基金 1356.37 万元，其中村级监管费 200.59 万元，护林员工资 270.54 万元，林农补偿费 873.73 万元（含森林保险），林业站监管费 11.51 万元。生态林补偿制度通过强化水土流失区的生态公益林保护，为减少人为因素对水土流失区的干扰、巩固治理成果作出了突出贡献。

总之，长汀县水土流失治理得益于各级政府的大力支持和扶持，形成了水土流失减少面积与上级政府扶持紧密相关的治理历程，即 20 世纪 80

年代以及 2000 年之后上级财政扶持多，治理进度快；90 年代上级财政扶持少，治理进度慢。

二　专业化的项目管理

随着项目制成为地方政府公共产品供给的常态，一系列配套制度逐渐被采用到水土流失治理中。中央政府逐渐通过垂直管理的方式推动经营性的政府行为向以公共服务为本的治理体系转变，法治化、规范化和技术化成为政府治理的核心议题（渠敬东等，2009）。在长汀县水土流失治理中，越来越注重水土流失治理工作的技术化、专业化和规范化，保证各种项目和治理措施高效地转化、落实到实处，提高了治理效率和水平。

（一）目标管理责任制

早在 20 世纪 80 年代初，长汀县政府在水土流失治理工作中就注重建立目标管理责任制，确保水土流失治理的目标、指标、责任层层落实，目标管理责任制成为县政府对下级组织进行管理的一种重要形式。长汀县建立了初步的县、乡、村三级治理网络后，尝试运用责任制的方式来考核、管理治理队伍。

1994 年，为提高水土保持部门的办事效率，全面完成各项治理任务，长汀县水土保持局制定了水土保持系统的目标管理任务书。目标管理任务书涵盖业务工作目标和自身建设目标等内容，将各部门目标任务完成状况与干部职工工资奖金挂钩，并按照县政府的标准统一实行考评。县人民政府与各水土流失区乡镇签订水土保持工作任期目标责任制，实行单列考核，对行政执法、拍卖"四荒"、开发治理面积、封山育林、"良福工程"[①] 等任务进行了规定和考核。

90 年代中后期，全面建立和落实了领导和部门挂钩开发性治理目标责任制。县与乡镇、部门，乡镇与村签订责任状，建立岗位责任制和奖惩制度，作为考核领导工作的一项重要内容。定期通报落实情况，对完成好的单位和个人给予表彰、奖励，对完不成任务的单位和个人给予批评、处罚。2000 年以后，林业部门在生态林管护中落实了管护责任、监管责任。

---

① "良福工程"由长汀县政协于 1992 年提出，并经长汀县委、县政府及县水保、林业、农村能源办等相关部门组织实施，是一个旨在保护生态、实现良性循环、为民造福的农村生活用燃改革的系统工程。

2012 年，长汀县林业局将生态公益林划分为 492 片管护责任区，聘请了 443 名护林员（监管员），签订了乡（镇）与村级行政责任书 227 份、护林员（监管员）管护合同 443 份。

2000 年以来，为落实福建省委、省政府为民办实事的目标任务，长汀县进一步完善和落实目标责任制，将目标任务和措施落实到流域，落实到村、山头，明确了项目建设内容、资金投入、治理措施、责任单位、责任人、完成时间、质量要求及验收标准等。在县级层面，建立了县领导挂钩责任制，每个乡镇由一名县领导挂钩，县直部门挂钩到村、到山头。在乡镇层面，建立了乡村治理水土流失责任制，明确各乡镇一把手为治理第一责任人。长汀县政府将项目完成情况列入部门、乡镇各级干部目标责任考核重要内容，签订了责任状，确保人人有责。目标管理责任制提高了治理队伍的工作积极性，使水土流失治理工作有领导、有组织协调地按步骤有序进行。

（二）严格项目规划和管理

长汀县高度重视水土保持治理规划方案的编制，及时制定年度或阶段实施方案，科学编制项目设计，严格按照设计施工，使水土流失治理工作有据可循。1980 年，长汀县河田水土保持站刚恢复成立时就编制了《1980 年长汀县河田水土保持实验工作计划方案》，明确了水土保持站 1980 年的主要工作内容，对关键生物和工程技术、试验地点、规模和进度作了安排，编制了所需的经费预算，为水土保持站后期的研究、试验和推广打下了良好的基础。

1983 年，为落实省、地、县"八大家"对长汀县水土流失治理的支持，长汀县水土保持办公室制定了《长汀县治理河田水土流失规划方案》，对各种工程和植物措施、治理任务、步骤和时间安排等进行了规划，形成了水土流失治理的规范，指导水土流失治理的实地操作。规划先行始终成为长汀县水土流失治理的一条重要工作原则。在后期的以工代赈工程、板栗和杨梅开发性治理、"良福工程"、为民办实事工程等中都得到了良好的体现。先后编制了《1985—2000 年长汀县农业资源综合利用规划》、《长汀县跨水土保持综合治理开发规划》、《长汀县水土流失治理八年规划》、《长汀县水土保持生态环境建设规划（2000—2015 年）》、《长汀县水土流失综合治理规划（2012—2016 年）》、《长汀县水土流失综合治理专项规划》（2012—2016 年）等一系列规划。

2000 年，为保证方案编制的科学性、专业性和可操作性，长汀县水土保持局申请获取了水土保持方案编制丙级资格，建立了水土保持方案分级审批制度、水土保持方案年检制度，严格按照审批程序开展水土保持方案审批工作。长汀县积极发挥水保监督、监测网络的作用，水土保持方案编制和审批率达到 90% 以上，有效地遏制了人为因素造成的新水土流失。

项目管理的方法主要依据上级政府的财政性转移支付或专项项目要求来制定。在长汀县水土流失治理中，主要体现在 20 世纪 80 年代末期的以工代赈工程和 2000 年之后的福建为民办实事项目以及中央各种水保、林业专项工程中。长汀县在以工代赈开展水土保持的乡镇成立了指挥部，根据工程技术规程，制定项目补贴标准，按技术规程进行施工，加强检查监督，经费按工程进度分期预拨，按工程项目完成面积、质量进行结算。2000 年之后，根据福建为民办实事项目的要求，长汀县对项目管理制度进行了改革和完善，建立了组织管理、制度管理、工程施工管理和资金管理等一整套项目管理体系，提高了治理质量和效果，促进了治理工作的标准化、规范化。

项目管理除严格按照上级政府规定外，长汀还根据自身特点，总结出一套行之有效的具体项目管理办法。一是积极推行三制：对于重点水保治理工程，明确法人主体，对水保工程积极推行招投标制；对肥料、林草苗种集中采购，实行合同管理；全面实行工程监理制，强化施工管理。二是加强工程建档工作，及时进行信息统计报告；建立项目管理卡、管理图等，对每一具体措施的地点、数量、责任人、质量、业主等造册登记。三是加大监督检查力度，不仅专业技术人员全程参与，加强业务指导，及时对发现的问题进行纠正，还定期邀请县人大代表、政协委员深入项目检查指导，确保质量。为了督促生产开发建设单位自觉防治水土流失，长汀县水土保持局严格落实水土保持实施与治理工程同时设计、同时施工、同时投入使用的三同时制度，坚持谁造成水土流失，谁负责治理，有效地减少和控制了新发生水土流失面积。

长汀县水土流失治理资金管理制度经历了巨大的变迁。以工代赈时期，长汀县在以工代赈开展水土保持的乡镇成立了指挥部，确定了乡镇领导主管，设立了专账、专户，配了专门财务人员，建立健全了财务制度。各小流域指挥部定期接受县、乡镇派出的财务人员对财务开支情况的检查。这种工程指挥部直接管理资金的方式在 2000 年之后已经不再适用于资金规模庞大、管理要求严格的为民办实事项目。2000 年，龙岩市委、市政府研究决定，在长汀县财政局设立省委、省政府为民办实事水土流失综合治理项目资金专户，省、市、县的项目资金全部进入专户运作。项目资金实行封闭管理，专款专用，资金下拨时由分管县长和水保、审计、监察、财政局局长会签。资金使用机制基本上仍沿用以工代赈工程的方式，先期支付项目所需初期资金，待工程进展至某个阶段并验收合格后，再予拨付后期资金。省、市和县定期对资金管理使用情况进行审计督查，确保资金合规有效使用。在落实生态公益林补偿机制过程中，林业部门将林农的生态补偿费通过银行一卡通直补到户，减少了中间环节问题的发生。

第四节　长汀县政府的组织化力量

上级政府的重视和扶持是长汀县水土流失治理的必要外部条件，而长汀县政府是水土流失治理的主要组织者和落实者。改革开放以来，面对宏观政治经济的变化，长汀县政府根据自己在不同制度环境中的定位，不断改变自身的组织结构和行为，以便最大化获取和利用来自上级政府的资源，将上级拨款减少所带来的不利影响最小化。利用政府科层制度的力量将上级政府的扶持转化为实实在在的行动，使往日的"红色沙漠"变为青山绿水。归纳起来，长汀县政府利用了政府重视、县乡村三级治理网络、跨部门合作、机关事业单位和干部职工动员、科研合作等方式来强化水土流失的组织治理力量。

一　县政府高度重视

在当下的政治体制下，政府拥有最为丰富的行政和财政资源。一旦某项议题进入政府议事日程，成为地方政府领导关注的对象，往往意味着更多的扶持与资源。议程越中心，领导关注级别越高，所得到的资源会更多。是否进入社会经济发展规划、县级领导重视程度和常规议事机制等三个指标，反映出长汀县政府对水土流失治理的重视程度。长汀县始终将水土保持作为可持续发展战略和人民安居乐业的重要内容，一任接着一任干，在各个指标方面都表现优异，一定程度上避免了分权改革后地方政府行为短期化、经济化的不利影响，保证了水土保持工作的延续性（参见表6-2）。

表 6－2　　　　　　　　　　长汀县政府对水土流失治理的重视程度

时期	重视程度
"八大家"支持时期	县政府是"八大家"支持单位之一； 列入了国民经济和社会发展计划； 县委书记到河田镇挂钩抓点，县长兼任治理小流域领导小组组长
以工代赈时期	把以工代赈列为长汀县"七五"期间社会发展和经济建设的重要项目； 县政府成立以工代赈治理小流域水土流失领导小组，县长担任组长； 县委定期研究、布置和检查水土保持工作
开发性治理时期	县农业产业化战略的重要组成部分； 成立县长任组长的农业产业化领导小组，副县长任组长的河田水保农业综合开发区领导小组； 县委定期听取水土保持治理工作汇报，每年不少于两次； 建立县水保局每年向县人大汇报工作，县人大代表、政协委员视察工作制度
为民办实事项目时期	市里专门成立长汀县水土流失综合治理项目领导小组，由市委副书记任组长，市直机关有关部门负责人为成员； 县委、县政府成立了长汀县水土流失综合治理领导小组，县委书记任组长；定期召开省、市、县三级联席协调会议

　　长汀县委、县政府始终把水土保持摆在经济发展的战略大局中去审视，常抓不懈、持续推进。在"八大家"支持时期，长汀县政府认识到水土流失是人民生活贫困的主要根源之一，将水土保持工作列入国民经济和社会发展计划，在县级层面制定了《关于水土保持工作的意见》、《关于振兴林业，念好"山经"的决定》、《关于发展草业生产的决定》、《关于治理水土流失的十条措施》等，将水土流失治理工作作为长汀县经济社会发展战略的重要任务。县委书记到河田镇挂钩抓点，县长兼任小流域治理领导小组组长。从改革开放初期开始，历届县委、县政府延续了主要领导抓水土流失治理的传统，县委主要领导担任水土流失治理领导小组的组长，统筹长汀县力量，落实和开展水土保持工作。以工代赈时期，长汀县实行了县委定期研究、布置和检查水土保持工作的制度，将植被恢复和水土流失治理列入县委、县政府工作的重要议事日程，并延续至今。1998年后，长汀县水保局每年向县人大汇报各项政策和项目执行情况，水土流失治理的成就、存在的问题，邀请县人大代表、政协委员视察工作，将水

土保持工作纳入到议政议事日程中，并重视建立健全水土流失治理宣传和社会监督制度。

2000 年，长汀水土流失治理列为福建省为民办实事项目后，长汀县水土保持受到了前所未有的社会关注和政府重视。长汀县水土流失综合治理工作被列入龙岩市委、市政府经济社会发展的全局，摆在了突出的位置；龙岩市专门成立了长汀县水土流失综合治理项目领导小组，由市委副书记任组长；建立了省、市、县三级联席协调会议制度，解决水土流失治理中面临的政策、技术、资金和项目管理问题；长汀县委、县政府成立了长汀县水土流失综合治理领导小组，县委书记任组长，项目区乡镇一把手为水土流失综合治理第一责任人；县人大、政协继续定期听取水保局工作汇报。2000 年，时任长汀县县长签发了新中国成立后长汀县的第二个县长令——《长汀县人民政府关于封山育林命令》，封山面积达 10.13 万平方公里。

常规议事机制，各级主要领导责任制并担任协调机构的负责人，县人大、政协监督机制等制度的建立，快速有效地解决了长汀县水土流失治理进展中面临的各种具体问题，避免了水土流失治理工作被边缘化的风险。

二　建立健全长汀县水土保持的治理队伍

植被恢复和水土保持工作，离不开水土保持部门、林业部门提供的坚强组织保障和专业技术支持。水土保持机构是长汀县水土流失治理最重要的制度和组织创新。在福建省，长汀县是最早设立水土保持部门的县，唯一设水土保持局的县，水保干部职工人数最多的县。

长汀县水土保持局承担水保预防、治理、监督三大职能及水保科研课题实验任务，并根据变化的环境和要求，调整其结构和职能，保持了组织的生命力和战斗力，为长汀县水土流失治理提供了专业化的组织和技术保障。

20 世纪 40 年代，福建研究院河田土壤保肥实验区在河田诞生，成为我国最早的三个水土保持试验机构之一。此后，长汀县水土保持机构几经起落。1949 年，水土保持机构由长汀县人民政府接管，称为长汀县河田水土保持试验区。1962 年成立长汀县河田水土保持站，"文化大革命"中取消。20 世纪 80 年代，长汀县率先在全省恢复水保机构，成立了长汀县水土保持站。1980 年代初期，长汀县成立水土保持办公室，列为科局一级编制，随后改为水土保持局。

1991年，为贯彻预防为主的工作方针，成立了长汀县水土保持预防监督站，形成了一支水土保持行政执法队伍；建立和完善水土保持预防监督体系和监督网络，严格控制新的水土流失发生。1994年，为了服务开发性治理的工作方针，长汀县成立了县水土保持综合开发服务总公司，建立水土保持苗圃，为水土流失治理提供优质、优惠苗木。

1998年，开展政府机构改革，精简机构和人员。在这次改革中，长汀县没有削弱反而强化了县水土保持局的职能，增加了编制。1999年成立长汀县水保监测站，与水保站、预防监督站合署办公，并获得了水土保持申报方案设计丙级资格。

2002年，为提高工程质量、提高林草成活率、降低生产成本，长汀县水土保持局成立了长汀县水土保持工程队，下设河田、三洲、濯田、策武等四个水土保持专业队。至此，长汀县水土流失治理建成了水土保持预防、治理、监督以及科学试验体系和队伍，为长汀县完成上级扶持项目、减少水土流失新增面积、治理水土流失等提供了全面而有力的行政和专业能力保障。

三　建立健全县、乡、村三级水土流失治理和护林体系

长汀县建立和健全了县、乡、村三级水保治理网络体系和挂钩制度，形成了水土流失治理的合力。1980年恢复成立长汀县水土保持站后，长汀县积极构建县、乡、村三级水土流失治理网络体系。80年代初，在河田镇增设水保工作站，由一名专职副镇长负责，各村指定一名村干部负责协助落实。随后，在水土流失严重的七个乡镇设立水土保持工作站。在水土流失严重的村庄，配备了一名水保护林员。建立了县乡村三级水保规章制度和责任制体系，确保治理网络体系良好运行。长汀县委、县府发布了《关于封山育林禁烧柴草的命令》、《关于护林失职追究制度》、《关于禁止砍伐天然林的通知》等一系列规章制度，乡镇、村制定了《乡规民约》、《村规民约》等相关制度。县、乡、村三级水保网络体系的建立，强化了县政府对水保工作的领导，使水保工作落到实处，构建了水土流失治理的组织和制度保障。

县林业部门以乡镇林业站、水保站工作人员和村生态公益林管护员为主体，组建专业护林队，形成"县指导、乡统筹、村自治、民监督"的

护林机制。根据国家生态公益林的管护要求，长汀县在原有的管护队伍基础上，对生态公益林管护体制进行改革，在县、乡、村成立生态公益林管护队伍，专门负责生态林管护工作。长汀县林业部门在各村聘请了440名护林员对生态公益林进行管护，成立了生态公益林管理站，构建了专职护林员队伍、村级护林监管组织、林业站工作人员、林业主管部门管护督查的四级护林监管网络。这些举措使生态公益林的管护主体得以落实，林农、护林员和村委会的责、权、利得以明确，水土流失区的生态林得到有效管理。

四 促进了跨部门合作

长汀县政府高度重视跨部门合作共同解决水土流失问题，跨部门合作始终贯穿在长汀县水土流失治理各个时期、各个方面的工作中。水土流失治理是一项社会系统工程，非水保、林业两部门的能力所能承担，需要跨越部门间的界限进行跨部门合作。长汀县通过创建跨部门的领导小组，建立目标责任机制和激励机制，减少各部门各自为战的资源浪费和协调成本，合理整合和配置治理资源，有效地提升了长汀县政府应对水土流失问题的整体能力。

80年代初，县政府统一协调各部门落实河田镇的煤炭补贴、改灶节柴和办沼气等工作，县经济发展委员会负责组织燃料公司，协助河田解决煤的经营供应问题，林业局车队负担运煤任务；畜牧水产局负责试验与推广养猪喂生料，提供沼气原料；县直机关工厂、企事业单位等带头推广省煤灶。以工代赈工程中，县农、林、水、交通、商业、供销等部门协同合作，齐抓共管小流域水土流失治理，如商业部门积极调拨代赈物资，供销部门及时供应各种化肥、农药，电力部门致力于改善农村电力基础设施。

90年代中，长汀县成立了河田水保农业综合开发区领导小组，18个县直部门挂钩落实扶持措施，把产业开发与领导干部年度目标考核结合起来，建立了县、乡镇领导干部农业产业化政绩卡。在整顿乱采乱挖稀土矿山问题时，水土保持部门联合地矿、林业、水电、环保、土地、公安等有关职能部门共同整顿打击乱采乱挖行为。

2000年后，成立了龙岩市级层面的长汀县水土流失综合治理领导小组。由龙岩市农办和水保局负责项目的具体协调联系工作，有关部门各司其职、形成合力，林业部门负责封山育林等生物治理措施，农业局负责果业开发，水保部门负责水保措施等。长汀县计委、财政、审计、监察、农办、水利、林业、水土保持局等都参与到项目领导小组中，对水土流失治理过程中出现的问题，各部门通力合作，共同寻找解决办法，有效提升了政府对水土流失治理工作的决策、协调、实施及统筹的综合能力。

五　动员县直机关单位和干部职工参与水土流失治理

改革开放以来，随着家庭联产承包责任制的实施，长汀县农村集体组织拥有的资源减少，农民参与水土流失治理的积极性不高，社区自发的治理能力相对缺乏。水土流失治理需要从农村之外借力、引进资源。各级政府机关事业单位积极投身长汀县水土流失治理的进程中，形成了从业务部门到各政府部门、省县政府部门到省市县三级政府部门共同参与的良好局面。

80 年代，一线的长汀县水土保持和治理工作主要由"八大家"和县水保、林业、农业、畜牧、水电、交通、科研、政法、供销等有关部门承担，各投其资，各出其力，各负其责，各记其功。没有在第一线直接参与水土流失治理的其他政府机关单位，积极响应长汀县政府柴改煤的举措，以行动来支持柴改煤的决定，为水土保持贡献力量。长汀县和乡镇机关、学校、企事业单位主动带头将烧柴改为烧煤，推广省煤灶、烧煤锅炉，促进了非农人口能源消费结构的变革。长汀县一直延续着跨部门共同合作、共同治理的优良传统，共同合作、共同治理是长汀水土流失治理的重要组成部分。

政府部门与基层挂钩对接、下派干部是党和政府开展农村工作的一种重要传统方式。80 年代以来，长汀县将水土流失治理作为政府部门与基层挂钩对接和下派干部开展农村工作的重要内容，并坚持了下来。"八大家"对长汀县水土流失治理的扶持，属于更高级别的政府部门对下级部门的对接、扶持。80 年代初，长汀县委书记到水土流失最严重的河田镇挂钩抓点。作为县委县政府的中心工作，各机关事业单位均需要承担一定的水土流失治理任务。90 年代开发性治理期间，县直机关事业单位承担的任务达到了峰值，县直机关事业单位承担治理任务成为缓解因上级拨款减少对水土流失治理负面影响的重要方式。在建立河田水保综合开发区期间，县水保局、林业局（原林委）、扶贫办等许多部门直接参与了山场开发。

　　1994—1997 年间，县委、县政府发动县直 18 个单位到河田、策武、馆前、南山等乡（镇）水土流失区进行开发治理。每一个县直机关单位挂钩一个村或示范基地，以点带面全面推动治理。县委、县政府要求各机关部门每年安排一定的资金用于水土流失治理，向项目所在村租赁山场进行开发，项目投资及经营由各部门自主负责。规定在果园定植后，可以将果园承包给县直机关部门的职工或其他个人管理。水土流失治理三年间，各机关单位累计投入资金 360 多万元，新增果园 1200 公顷，为杨梅、板栗等重要经济林产业发展开了局、播了种。水土保持局指导的 8 个乡镇水保站都建立了果树基地，办起了养牛、养猪、养兔场和玉米加工厂。

　　2000 年后，部门挂钩水土流失治理机制在层次上和外延上进一步升级。龙岩市委、市政府结合开展"保护母亲河"活动，组织有条件的市、县机关企事业单位到水土流失区进行挂钩治理。要求挂职部门指定分管领导、专职干部，"一定三年，一挂到底，不抓出成效不放松"。在水土流失治理中为释放科技人员的潜能，调动干部和职工个人参与水土流失治理的积极性，长汀县政府鼓励并支持机关事业单位干部和科技人员到水土流失区投资种果。凡开发种苗 3.33 公顷以上者，"工资、行政关系不转，福利待遇不变，调资、职称评定予以优先，可向银行、扶贫办申请贷款"。县直机单位和干部职工直接参与水土流失治理，以点带面推动了水土流失治理的开展，形成了全社会共同参与水土流失治理的良好局面。

　　长汀县杨梅产业的发展是一个很好的案例，能够说明县直机关挂钩水土流失区开发性治理在产业发展中的作用。1993 年，县林业局从浙江引进东魁杨梅品种，在三洲水土流失区试种 3.73 公顷。结果表明，杨梅性状表现良好，平均株产量达 20 公斤，株产值达 160 元。2000 年春，长汀县委、县政府决定由县林业局在三洲、河田两镇的荒山上建设万亩杨梅基地。林业局抽调了 4 名科技人员长期蹲点三洲，建成了万亩杨梅基地。林业局采取拍卖、承包、租赁等方式，引进投资者和农民实施后续管理。在县林业局、水保局、三洲镇、河田镇的共同努力下，在当地群众的积极参与下，经过科学规划、认真栽植和精心抚育，到 2011 年，已定植杨梅660 多公顷，实现了生态治理和农村经济发展的双赢，杨梅基地亦成为长汀县水土流失区重要的生态旅游景点。

六　建立乡土知识和现代科技相结合的科研平台

长汀县人民群众世代与水土流失打交道，摸索和积累了许多丰富的民间经验和乡土知识，具有一定的技术基础和乡土治理经验，而这是外来专家和技术所不能替代的。然而，长汀县毕竟是山区贫困县，掌握现代科技的人才不足，单靠长汀县本地难以有效解决水土流失治理中的技术难题。

科技在水土流失治理中发挥着至关重要的作用。长汀县一直致力于科学治理水土流失，实现了一条筑巢引凤、将乡土知识和现代科技相结合的科技体制创新之路。20 世纪 40 年代，我国水土保持最早的三个机构之一——福建省研究院河田土壤保肥试验区的诞生，为长汀县水土流失治理播下了科技治理的种子。当时，试验区只是开展了一些基础性研究工作和初步治理的探索，未能结出科技硕果。1962 年恢复建站后，水土保持站邀请福建省有关高校和科研机构的专家学者，开展了植被和水土流失的初步调查。

改革开放以来，长汀县在水土流失治理中有效地挖掘本地乡土经验、知识和技术储备优势，发挥本地人的积极性，并积极与高校、科研单位联合开展科研、治理工作，走上了现代科技与本地知识经验有效结合的道路。

第一，水土保持站的建立和壮大，本身就是长汀县本地最重要的科技体制创新和专业化力量。从 20 世纪 40 年代至今，虽几经起落，但长汀县始终保留着一个县级水土保持站，开展了大量的科学研究、试验示范、技术推广和监测工作，这在全国所有县级行政区可以说是绝无仅有的。

第二，长汀县林业、水土保持两部门的技术力量和治理措施相互补充，精诚协作，形成合力。林业部门负责大面积植树造林，水保部门治理水土流失重点区域，相互补充，点面结合。两部门技术人员交流频繁、互通有无。水保部门许多技术人员都是从林业部门调配过来的，他们掌握现代林学知识，具有丰富的基层工作经验，这为生物措施和工程措施的结合提供了人才条件。

第三，水土流失治理的一线技术人员和工人大多来自本地，既受过专业教育或专门的技术培训，又懂得本地风土人情和植被物种。这种优势有效地减少了不切实际的技术采用，有利于专业知识和乡土知识的结合。长汀县本地积累的不少林业和水土保持知识及技术力量，为与外单位进行科研合作提供了基础和条件。

第四，实行"筑巢引凤"，积极与高校、科研单位联合开展科研、治理工作。20 世纪 80 年代，"八大家"共派出 100 多人次科技人员到水土流失区协助制定治理水土流失的规划和措施，进行引种、营造水保林及径流等试验，指导栽培各种林草，探索和积累了不少有效的治理措施。为了吸引更多人才和项目参与长汀县水土流失治理，2003 年，长汀县成立了水土保持博士生工作站，与中国科学院水土保持研究所、北京林业大学、厦门大学、福建师范大学、福建农林大学、福建林业科学院等单位建立了良好的长期合作关系。长汀县林业部门、水土保持部门为科研单位水土保持研究提供实验基地，科研单位为长汀县带来科研项目、技术和人才。这一做法为当地水土流失治理提供了强有力的科技支撑，能够及时发现和解决存在的技术问题，实现了科研单位和一线治理单位的优势互补和互利共赢。

第七章 分权改革、治理体系变迁和水土流失治理

国家政治、经济、社会变迁深刻影响到地方政府治理体系的构建，进一步作用于水土流失治理。政府、市场和社区是应对生态环境问题的主要治理机制，而中央与地方关系、市场化改革、农村土地产权制度深刻地影响着长汀水土流失治理体系的变迁和效果。为了破解农民参与约束和政府财政约束，长汀县政府积极引导市场力量投入到水土流失治理中，主动构建多元治理体系，取得了显著的生态、经济和社会效果。本章首先分析人民公社一元治理对长汀县水土流失治理的灾难性影响，随后探讨家庭承包责任制对长汀县农村内部自发治理力的影响和长汀县构建多元治理体系的举措，并介绍长汀县水土流失多元治理体系的形成和格局。

第一节 人民公社时期：政府一元治理的危机

土地改革、政权下乡、合作化运动和人民公社化运动逐渐将长汀县各级政府、农村整合到国家自上而下的治理体系和动员体制中。1949年，长汀县政府面对的是一个延续了数千年的封建土地所有制，占人口3.4%的地主、富农占有了长汀县61.55%的耕地（含公田）（福建省长汀县地方志编纂委员会，1993）。早在1931年，苏区时期的长汀县就开展了第一次共产党领导的土地改革，但改革成果很快被红军的北上抗日、国民党政权的卷土重来所摧毁。

1950年12月，长汀县开展了共产党领导下的第二次土地改革。以废除封建土地所有制、实行耕者有其田为主要内容的土地改革是新中国成立后长汀县政府执行的第一个国家改造任务和计划。土地改革无偿没收征收了地主、富农和小土地出租者的耕地，将93.24%的土地分给了贫雇农和

少地的中农，4.58%的土地分给其他阶层少地农民及留作机动田，2.12%的土地留给地主富农自耕，实现了农村社会结构的相对均等，促进了农民粮食生产的积极性。农民人均占有土地从土改前的 0.01 公顷上升至0.12—0.129 公顷（福建省长汀县地方志编纂委员会，1993）。与土地改革相伴的是政权下乡运动。长汀县直机关、农村、企事业单位的党组织相继建立并发展新党员，为政府改造乡村社会、治理生态环境提供了政治和组织保障。

一家一户的小农经济很快因劳力、农具等生产资料不足无法满足国家现代化建设对农产品的需求、资本积累的要求而逐渐被各种形式的合作社所取代。在土地改革尚未结束的 1951 年，长汀县政府在濯田乡领导试办了第一个农业生产互助组，开启了农民和土地集体化、组织化的进程。此后，农村经济组织数量不断减少，但组织规模越来越大（福建省长汀县地方志编纂委员会，1993）。1956 年，长汀县只有 41.38% 的农户参加了598 个初级农业生产合作社；1957 年，组织了 464 个高级农业合作社，96.4% 的农户入社。此时，山林也随耕地一样，折价入社归合作社所有。一年后，人民公社化运动更是将 99.8% 的农户集中到 13 个人民公社中（参见表 7-1）。人民公社将农民的土地、生产资料并入集体所有，劳动报酬按劳分配，实行组织军事化、劳动集团化，使政府具备了强大的群众动员能力。农民在集体组织下进行生产活动，不再是一个独立的生产经营决策单位。

表 7-1　　　　改革开放前长汀县农业生产经营形式变迁状况

经营形式	年份	数量	户数	占总农户数（％）
土地私有制	1952	49547	49547	100
农业生产互助组	1953	4632	29708	61.7
初级农业生产合作社	1956	598	24089	41.38
高级农业生产合作社	1957	464	48231	96.4
人民公社	1958	13	45171	99.8

资料来源：福建省长汀县地方志编纂委员会，1993。

在这种政社合一的组织形式下，国家实现了对农村社会的总体性支配，垄断了几乎全部的资源，形成了国家对经济社会的一元治理和垄断

（孙立平等，1994）。国家及其在长汀县的代理人——县政府、人民公社成为了农村治理的唯一力量，支配了长汀县政治、经济、社会生活的方方面面。

高度集权的威权体制在目标、激励和行动上具有其独特的特点。从理论上讲，人民公社将地方化的水土流失治理问题内在化了，这种外部性内在化有利于动员群众力量来治理水土流失，收益和成本都由国家及其地方代理人——人民公社这一决策和收益主体来承担。集体合作也有利于形成治理水土流失的组织能力和规模效应。在当时的背景下，长汀县政府、人民公社以服从、执行中央政府下达的各种改造社会、实现赶超现代化战略的命令为首要任务，这导致国家目标优先于地方目标，政治目标优先于经济发展、水土流失治理、社会生活，人民公社很少有自己独立的发展目标。

在人民公社时期，长汀县积极贯彻国家"大跃进"、农业学大寨的任务，片面强调以粮为纲、割资本主义尾巴。在政治领域，人民公社参加"反右倾"运动，贯彻"在无产阶级专政下继续革命"的理论，"以阶级斗争为纲"，开展"批林批孔"、"反击右倾翻案风运动"等。此外，人民公社通过政治教育、思想改造、学习交流等意识形态的宣传，批斗、打击和迫害所谓的"右倾分子"、割"资本主义尾巴"，将人民群众的思想统一起来，并寄希望于通过群众运动完成国家赶超现代化的任务。

人民公社时期，长汀县在水利工程、公路建设、农作物改良等方面取得了较大的成绩，开展了一定规模的水土流失治理，为改革开放后的大规模治理进行了有益的技术经验储备和探索。早在1958年2月，长汀县就制定了《长汀县今后水利水土保持规划》，以河田为重点开展水土保持工作。1958年，长汀县累计造林4265公顷，封山育林1.2万公顷，修建水土保持土谷坊60座，挖鱼坑16万余个，部分地方开始改变昔日不闻虫声、栖鸟不投的凄凉景象。

1958年的大炼钢铁打乱了对水土流失的治理，加剧了森林破坏、水土流失。1962年，随着国务院"调整、巩固、充实、提高"八字方针的实施，长汀县迎来了一个短暂的水土流失治理高潮。长汀县恢复成立了县水土保持办公室、河田水土保持站，各大队开始培训水保技术人员，组建专业队伍。与当时的社会环境相适应，这段时间的主要工作是开展大规模的群众性植树造林运动。1962—1966年，长汀县动员群众上山造林、工程施工，累计修建石谷坊 18 座、土谷坊 1172 座，挖水平沟 552 米、山塘 612 口，开梯田 107 公顷，开排灌圳 1500 米，筑防洪堤 10900 米，改造沙荒地 37 公顷，种植乔灌木及各种草类 2500 公顷，免除洪涝灾害的良田达 220 公顷。然而，由于没有解决群众的生活燃料问题，1959—1966 年水土流失面积又增加了 96955 亩。

"大跃进"大炼钢铁、"文化大革命"中的乱砍滥伐和"向山要粮"、开荒造田运动对长汀县森林资源造成了严重破坏。大炼钢铁是新中国成立后长汀县森林资源遭受的第一次严重破坏。"大跃进"时期，长汀县平调农业劳力大炼钢铁和进行其他协作共计 47545 人，占全县农业劳动力的 40%（福建省长汀县地方志编纂委员会，1993）。"大跃进"不仅导致原有森林惨遭严重破坏，之前营造的大片林木也被毁灭殆尽。"文化大革命"中乱砍滥伐更为加剧。由于无政府主义思潮泛滥，造成群众乱砍滥伐，加之"向山要粮"、开荒造田、乱垦滥种现象严重，山地植被再遭破坏。长汀县的水土流失不仅没有因人民公社具有的强大动员能力而得到改善，还因"大跃进"、"以粮为纲"和阶级斗争为纲的政治路线而走向恶化。据统计，1958 年以前，长汀县水土流失面积 4.14 万公顷；1958—1966 年，由于大量砍伐林木烧炭炼钢铁，水土流失面积增至 4.788 万公顷；1970—1976 年，"向山要粮"、开荒造田导致水土流失面积又新增 1.327 万公顷；至 1983 年，长汀县水土流失面积达到了 6.97 万公顷。

各种政治运动的干扰导致人民公社时期一元的政府治理机制没能持续有效地组织群众参与水土流失治理，破坏了森林，加剧了水土流失。人民公社没有从根本上解决贫困和薪柴问题，水土流失区继续陷在贫困—生态恶化的恶性循环中。在征服自然、战胜自然的政治环境里，组织能力越大，对生态环境的破坏越大。国家对社会的全方位管理压制了地方多元微观治理机制的生长机会和生存空间。长汀县不可能、也没有机会通过微观治理机制的变革来实现生态环境的改善。

"文化大革命"的结束和人民公社体制的解体对长汀县水土流失治理具有双重的意义。一方面，巨大的群众组织动员能力随着人民公社的解体而受到严重削弱，长汀县逐渐失去了通过大规模组织动员农村劳动力参与水土流失治理的可能；另一方面，政府将重心从阶级斗争转向经济建设，为长汀县提供了一个稳定的宏观政治社会环境，长汀县拥有了通过发育、变革多元微观治理机制推动水土流失治理的可能。

第二节　家庭承包制对长汀县水土流失
治理机制的影响

　　家庭承包制的实施深刻地改变了农民与国家、村集体之间的经济政治关系，农民的自主性不断增加，强国家、弱社会的结构发生了调整。1961年，长汀县农村一度自发性实行过包产到组、包产到户的责任制。长汀县3801个生产队，包产到组、到户的生产队占总队数的86.3%（福建省长汀县地方志编纂委员会，1993），当时被认为是"复辟倒退"、"走资本主义道路"而遭到批判、取缔。1980年，长汀县开始实施包产到组、专业承包、联产计酬等生产责任制。1982年春，长汀县有组织有领导地全面推行家庭联产承包制，家庭取代了原有的集体经济组织成为了农村基本的经济决策单位。队办加工厂、果园、菜园大都承包到户，耕牛、农具等生产资料折价或出租给农民个人。向国家交纳的农业税，征购、定购粮，集体公益事业资金等任务被分摊到户。"交够国家的，留足集体的，剩下都是自己的"成为当时国家、村集体和农民经济关系的写照。三者关系从自上而下命令型向市场合约型转变，政府、村集体不再具有无条件组织动员农民的能力。1984年，长汀县人民公社建制被乡镇取代，农民的政治自主性也伴随这一调整得到了增强。

　　1981年，长汀县开始推行以"稳定山林权属，划定自留山，确定林业生产责任制"为主要内容的"林业三定"改革。长汀县44918户农户分到了41940.67公顷林地，占农户总数的94.2%，占山地总面积的16.5%，户均0.93公顷，人均0.147公顷。水土流失最严重的河田乡户均达到1.67公顷，人均0.28公顷，是户均自留山最多的乡镇（福建省长汀县地方志编纂委员会，1993）。

　　家庭联产承包责任制确立了农户作为独立的经济核算和决策单位的地位，改变了农民的经济决策机制。现实的经济利益和成本收益考量，成为农民生产经营决策的主要影响因素和机制。家庭承包责任制在促进农村农产品增长的同时，因集体内在力量的削弱造成了农村公共产品供给水平和能力的下降，这对农民参与水土流失治理产生了重大影响，水土流失区农民走上去森林化的道路，农村内部人地压力趋于减弱，自发治理水土流失的力量受到制约。

实施家庭承包责任制后，粮食增产、非农就业增加和农村能源消费升级是缓解长汀县农村人为破坏水土流失的三股重要力量。家庭承包制促进了粮食增产和减贫。长汀县人均粮食产量从 1978 年的 209 千克增加到 1985 年的 316 千克，粮食增产极大地推动了长汀县农民的减贫。

非农就业迅速增加，人地压力减少。家庭承包责任制的实施推动了农村工业化、商业化的迅速兴起和蓬勃发展。农村涌现出众多专业户、重点户、新经济联合体。农民外出务工，搞零售、运输等服务业，农民收入多元化，出现了新的就业门路。1987 年，长汀县有专业户 275 户，843 人从事专业生产。其中，种植业专业户 47 户，养殖业 34 户，林业 6 户，工商业专业户 136 户，其他专业户 52 户（福建省长汀县地方志编纂委员会，1993）。非农就业机会的增加，劳动力林业生产成本的上升，致使水土流失区林果产业失去了比较优势。农村剩余劳动力开始从农业生产中释放出来，缓解了水土流失区的人地压力。

农民收入改善、政府煤补带来的农村能源消费升级是减少农民对森林依赖程度的第三股重要力量。长期以来，长汀县农村以薪材、秸秆等生物质能为主要燃料，千家万户上山采薪，森林植被难以得到恢复。随着农民生活水平的提高和政府煤补，长汀县农村能源消费结构日趋多元，薪材消费呈下降趋势，而煤、电力和液化气等商品能源均呈上升趋势。水土流失区农民与森林的薪柴联系，在快速的农村经济社会大转型中逐渐变弱，间接促进了水土保持和森林植被恢复。长汀县政府贯彻治理水土流失与治贫相结合的治理方针，实行封山育林和煤炭补贴，正是着眼于减少人为破坏、增加自然恢复的力量。

家庭联产承包责任制实施以后，农村内部参与治理水土流失的新生力量并没有发展起来，而且，承包责任制还削弱了人民公社集中供给农村公共产品的能力和水平，瓦解了农村内部过去集中供给农村公共产品的机制和优势，村集体失去了有效的组织和激励机制来开展大规模的水利建设、农田改造和植树造林。

农民缺乏经济激励自发进行水土流失治理，或者自发治理很少。从农民个人成本收益的角度，参与水土流失治理并不是一个有利可图的投资。水土流失区山光地瘦，治理难度大，投资周期长，见效慢，需要有较高的长期投入才能有经济效益。据估算，与非水土流失区相比，同样造林种果，流失区的投入至少高出三分之一，才能收到同样效果。作为贫困地区，改革开放初期，长汀县农民的生活水平有所提高，但大部分农户仍然缺乏投资山林的资金；水土流失区以种植业为主，农民缺乏种树种果、经营山林的技术和经验；种苗、肥料等生产资料的供给和林产品市场改革滞后在当时也是一个有待解决的问题；农业产业结构调整和非农产业迅速发展相对削弱了农民参与水土流失治理的比较优势；虽然林业"三定"改革将林地分到了每家每户，大部分农户仍然选择放之任之，等、靠政府治理的心态严重，水土流失治理的重任不得不转移到了地方政府身上。

农村产业结构调整、农村剩余劳动力转移和能源消费升级等农村内部自发性力量对水土保持的促进作用是一个缓慢的过程，直到 2000 年以后，这些自发性力量才集中显现出来。加上 2003 年之后新一轮中国经济增长周期促使林产品迅速升值，投资水土流失区才变得有利可图起来。可以设想，如果没有改革开放以来各级政府对长汀县水土流失的治理和干预，单独依靠农村内部自发性力量，长汀县水土流失将有可能持续恶化到 2000 年之后才开始好转。现实情况是，由于长汀县政府主动承担起水土流失治理的重任，积极培育农村内部和市场力量，使水土流失面积在 1985 年之后就逐年下降了。

第三节　长汀县培育市场力量参与生态建设的措施

改革开放以来，长汀县顺应市场经济发展的客观规律，克服简单动员、命令农民参与水土流失治理的方式，创新土地产权制度、实行财税优惠、推动开发性治理成为长汀县鼓励农村和市场力量参与水土流失治理的主要措施。

一　改革农村土地产权制度，运用市场机制鼓励市场力量参与

整个 80 年代，长汀县水土流失治理主要基于林业"三定"的成果，建立和完善各种形式的承包责任制，力争使权责利统一，管、用相结合。治理承包责任制的主要参与对象为村集体和农民，很少对社会力量开放。1982 年林业"三定"改革时，长汀县政府将水土流失区的宜林荒山划作自留山，希望农民尽快造林绿化荒山。将水土流失严重的山坡地，由社队以责任山的形式承包给农民，营造水土保持林和薪炭林、经济林。随后，各种形式的承包责任制、管护政策逐渐建立起来（针对水土流失治理的

主要土地产权制度改革参见表 7 - 2）。总体而言，虽然进行了多种尝试，治理承包责任制的效果并不理想，真正以户或联户承包治理的不多，绝大多数农民承包后就置之不理、不管。责任制权责利挂钩不紧，治管用结合不够。水土流失区的多数村延续了山场集体管理、集体治理的形式。由于当时的农民收入水平、市场条件、政府补贴等并没有跟上，同时，水土流失治理投资、投工、投肥量大，经济收入少、见效慢，因而治理承包制没有真正解决农民参与治理积极性不高的问题。1986 年后，为了适应"七五"期间国家采取的以工代赈办法支持长汀县开展水土保持，长汀县在原有基础上对承包治理责任制进行了完善。新修改的承包治理责任制希望通过增加惩罚机制，如要求限期治理自留山、实行治理水土流失的劳动积累投工制度、把烧煤补贴同治理水土流失挂钩等，提高农民参与水土流失治理的积极性。上述惩罚机制并没有完全得到落实，承包责任制的内在缺陷依然无法克服，政府不得不承担起水土流失治理的大部分工作。

表 7 - 2　　　　　针对水土流失治理的主要土地产权制度改革

土地制度改革	时间	主要内容	主要参与主体
治理承包责任制	1980 年代	分户承包治理管护，联户承包治理管护，统一治理、分户管护，集体承包治理、管护，国营试验场专人管护	农民、村集体
治理承包责任制 + 惩罚措施	1980 年代末期	自留山要求限期治理，否则予以收回并转让他人治理经营；实行治理水土流失的劳动积累投工制度；把烧煤补贴同治理水土流失挂钩，不完成治理任务的不予补贴	农民、村集体
四荒地使用权拍卖	1994 年以后	拍卖不论对象、不论形式、不论体制，只求治理开发	农民、村集体、承包大户、城镇居民、企业、机关事业单位
林地流转	2000 年以后	收回未治理的自留山、责任山，进行流转、租赁、承包、股份合作	农民、村集体、承包大户、城镇居民、企业、机关事业单位
新一轮集体林权改革	2002 年以后	以确权发证、稳定承包关系、放活经营权和处置权、完善配套措施为主要内容	农民、村集体、承包大户、城镇居民、企业、机关事业单位

　　1992 年党的十四大决定建立社会主义市场经济体制以来，市场机制在更大范围和更深层次影响了农村土地制度改革。在长汀县，为了缓解地方政府财力不足对水土流失治理的不利影响，适应从单纯水土流失治理向开发性治理转变，面向全社会的拍卖、流转等市场化改革成为这一时期农村土地制度改革和水土流失微观治理体制改革的重点。1994 年，长汀县在福建省率先开展四荒地使用权拍卖，先后出台了《关于拍卖"四荒"地使用权试点工作意见》、《关于李田河、朱溪河、南安溪小流域水土流失开发性治理的若干政策规定》等文件，对水土流失区荒山拍卖、流转进行了指导。同时，县政府积极推进林权制度改革，对未治理而群众又不愿治理的水土流失地，政府收回经营权，采取拍卖、租赁、承包等方式，重新发包。

　　90 年代以来的水土流失区土地制度改革，主要有以下几个特征：一是主要采取市场化的拍卖、流转、股份合作等方式，而非局限于集体内部实行承包责任制。二是参与主体不再局限于集体、农民，还包括机关事业单位、企业、职工干部、商人、专业大户、外商等。三是经营方式形式多样，专业大户、股份合作等各种经营方式竞相涌现。四是土地产权制度改革与配套财税激励措施相结合，综合运用免征农业特产税、财政补贴、政府投资基础设施等方式降低治理者的投资成本和风险。上述改革鼓励和动员了各种社会力量参与到水土流失治理中来，有效地弥补了农村内部治理力量的薄弱和不足。

　　2002 年，长汀县开始实行以确权发证，落实林地所有权、经营权、处置权和收益权为主要内容的新一轮集体林权改革。2005 年，长汀县全面完成了集体林权制度改革，累计完成林改村 294 个，占应改村的 100%。明晰产权面积 136228.93 公顷，占应明晰产权面积的 99.37%。2013 年底，长汀县完成林地使用权登记发证 247829.3 公顷，占林地使用权应登记发证面积的 98.1%。林地所有权完成登记发证面积 247895.4 公顷，发证率达 98.2%。完成核发林权证到户本数 42718 本，林权证到户率 99.9%。对水土流失治理而言，这意味着治理者的承包经营关系和权利通过明晰产权、登记发证将长期稳定下来，并得到了法律的有效保护。确权发证后，越来越多的林地资源被激活并流向市场，为各类社会主体积极投资水土流失区提供了更多的机会和广阔的空间。

改革开放以来，长汀县政府及时根据国家土地产权制度改革、经济发展趋势调整土地制度安排和经营形式，使它们更加适应和促进长汀县本地的水土流失治理实践。多元社会主体的共同参与部分解决了农村内部农民参与治理积极性不高的问题，在这一进程中，长汀县水土流失治理实现了从单纯农民、村集体向专业大户、公司、机关事业单位等多元主体共同参与的转变，从单一的治理承包责任制向拍卖、租赁、流转和股份合作等多种形式的转变，从短期承包向长期稳定承包的转变。越来越多的市场力量涌入水土流失区造林种果，为水土流失区从"火焰山"变成"花果山"提供了所需的资本和技术。

二　积极构建财税扶持体系，实行各种形式的优惠政策

构建多元、专业的水土流失治理体系需要加大财政扶持力度、转变扶持方向、创新扶持方式，以解决各市场主体投入不足、周期长、专业化程度不高、社会化服务体系不到位的问题。

不断加大财政扶持力度。改革开放初，长汀县政府针对治理承包责任制的补贴以种苗为主，加以少量肥料。种苗一般由林业部门、水保部门在各村免费发放，供村民自愿领取种植。在这一时期，治理资金有限，对农民造林补贴规模小，而且继续沿用人民公社时期的动员方式，要求农民义务投工投劳。例如，1986 年对黄馆—策田公路沿线示范山进行治理时，群众需要投工 2.26 万个工日，平均每个劳动力投工 15 个工日，但总体效果不甚理想。20 世纪 90 年代，为了鼓励更多的社会力量参与四荒拍卖和治理，对在中强度水土流失区发展植被种植或开发种果的每公顷补贴 750元。随着 2000 年之后福建省为民办实事项目对长汀县水土流失投入的增加，补贴金额增加到了每公顷 4500 元。

转变扶持方向，从撒胡椒面到突出重点。80 年代，政府扶持采取撒胡椒面的方式，林业、水保部门将种苗、肥料运到村庄，免费发放给农户，即国家出钱、群众治山。1990 年以后，实行开发性治理有偿扶持，采取多干多补助、少干少补助、不干不补助的方式，重点扶持和发展治理大户、企业。通过补贴典型，带动千家万户，形成共同开发山区的局面。增加了考核检查环节，参与治理者需要按规划设计的要求，才能得到政府提供的苗木、肥料或者资金补贴。扩大享受补贴的群体，凡愿意在水土流失区进行开发性治理的机关干部、城市居民、农民，都可以获得政策优

惠、资金扶持和技术服务。

创新扶持方式，使之更加多样化。80年代，治理补贴主要是肥料和种苗。90年代之后，现金、税收、基础设施建设、人事、金融等优惠政策逐渐引入。例如，在坡度25度以下水土流失地开发种果，盛产5年内免征农业特产税。1994年，为了鼓励单位、个人积极在河田水保农业综合开发区承包山地、开发种果，规定了"果树投产后前3年免征特产税，后3年减半征收特产税；果树投产后5年内免征所得税；果树投产前免征土地租赁金；在开发区内生产、管理所需的建筑用地，免征土地补偿费；无偿提供技术咨询服务"。2000年后，项目区内种果每公顷补贴4500元（含苗木），果园路网建设由政府负责实施，无偿提供使用；果园内每10亩（约0.67公顷）安排一个5—6立方米的蓄水池，每个蓄水池补助150元；果园内建设管理房、生活用房免交各种税费。为了鼓励和支持机关、事业单位干部和科技人员到项目区开发种果，规定凡开发种果50亩以上者，可保留单位编制、福利待遇不变、同等条件下优先留任为公务员，向银行、扶贫办申请贷款等提供优惠政策，审批方便。新一轮集体林权改革后，长汀县林业局积极争取林业小额贴息贷款，用于农民在水土流失治理区开展造林育林。2007年以来，长汀县林权抵押登记75起，抵押面积1.73万公顷，抵押金额2.89亿元；共发放林农小额贷款金额21324.15万元，发放财政贴息1210.11万元，受益农户3545户。县政府整合水保、交通、林业等部门的资金，为杨梅基地修建果园便道，极大地便利了投资者前来投资、游客前来采摘。

三　推广具有较高经济价值的林果，实现治理与开发相结合

80年代，长汀县水土保持治理与开发结合不够，具有较高经济价值的果树种植面积不多，经济效益不突出。这一时期主要采用以草先行、草、灌、乔相结合的生物治理措施，经济价值低。这在一定程度上削弱了农民种植和管护的积极性，影响到政府资金投入的可持续性。水土保持被认为只有生态效益没有经济效益，生态效益最终还是保不住。

1992年之后，长汀县对开发与治理的认识出现了重大转变。水土流失区不再被认为是长汀县经济社会发展的负担，水土流失区缓坡地成为长汀县此后山地开发的潜力所在。整个90年代，长汀县水土流失治理紧紧围绕治理为经济建设服务这一宗旨，坚持一手抓治理，一手抓综合开发，

做到点面结合，生态效益与经济效益结合，坚持林、果、草，长、中、短结合，重点发展果业，从而提高了单位土地面积的生产力和经济效益。政府向开发性治理的转变助推了四荒拍卖和林地流转，县政府还组织 18 个县直机关到水土流失区开展开发性治理，将政府部门越来越多的资金、技术、政策扶持向种果转移，带动了农民、企业、专业大户、单位职工等对水土流失区林果种植的投资。90 年代中期，长汀县经济开发型治理占总治理面积的比例由 80 年代的 1.3% 增长到 14.7%，占强化治理面积的 30%。

90 年代以来，长汀县政府把水土流失治理与培植农业特色产业结合起来。政府主导并引导群众建立了杨梅、板栗、油茶、银杏、蓝梅等一批优质高效的现代农业生产示范基地，昔日的"火焰山"已转变成为今日的"绿满山、果飘香"。以三洲杨梅产业发展为例，长汀县林业局试种浙江东魁杨梅成功后，在长汀县政府的部署下，建成万亩杨梅基地，引导农民种植杨梅 563.53 公顷，年产杨梅 3000 余吨，产值达 5000 多万元。在重点水土流失区建成了各类示范基地，如南坑 153.34 公顷福建省银杏科技试验园、河田露湖千亩板栗示范基地、河田红中家庭示范林场、涂坊万亩油茶基地、濯田千亩蓝梅基地等。这些基地有力地带动了林产业发展和林农致富，巩固了水土流失治理成效，探索出了一条可持续发展的水土流失治理之路。如今，大户和公司已经成为长汀县水土流失治理、森林植被恢复和生态产业的生力军。非公有制造林面积占长汀县造林面积的 85% 以上。据长汀县林业局的统计，截至 2013 年，先后有 20 余家造林公司前来长汀县开展工程化造林，造林面积在 33.35 公顷以上的造林大户达 33 户。

第四节　多元主体参与治理的格局

改革开放以来，围绕解决农民参与积极性不足和政府治理能力有限这两大难题，长汀县水土流失治理实现了向多元治理体系的转变。图 7-1 展示了长汀县水土流失多元治理体系的形成过程，越接近中心，表明该主体参与水土流失治理的时间越早；越往外扩展，表明该主体逐渐参与到水土流失治理中来；外围的组织，如中央政府、福建省政府、龙岩市政府和科研单位等是支持长汀县水土流失治理的重要外部力量；村集体、农民是水土流失产生的主要人为制造者和主要危害承受者，是最重要的利益相关者。水土流失不仅带来自然灾害频发、粮食减产，还影响到人们生计的可持续性，守土有责的使命要求地方政府承担起水土流失治理的重任。1990年之前，政府、村集体和农民是最主要的水土流失治理主体。其中，人民公社时期，政府、村集体、农民都被纳入到国家体系中，为国家的一元治理。20世纪90年代，随着长汀县政府改革土地制度、改善财税优惠政策、推动开发性治理等措施的落实，承包大户、城镇居民、企业、机关事业单位和企业职工开始积极参与到水土流失治理中来。2000年之后，越来越多的企业、社会团体等市场和社会力量也参与到水土流失治理中来，最终形成了全社会各专业大户积极参与水土流失治理和保护的良好局面。

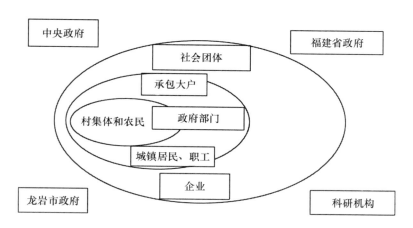

图7-1　长汀县水土流失多元治理的格局

第八章　公众参与

　　水土流失治理不单纯是一个经济或生态问题，也是一个社会问题。森林植被恢复不仅使所在社区和经营者受益，也为整个社会提供了生态、文化和社会效益。随着经济社会的发展，林业作为一个产业经济部门的属性在不断弱化，正日益成为一项社会事业。这意味着水土流失治理既不能单靠市场机制，也不能仅靠政府治理投入，而需要全社会的共同关注、共同参与和共同分享。当全社会参与生态建设的机制尚未建立时，政府就扮演着提高公民生态意识、引导社会力量参与生态建设的重任。在长汀县政府的引导下，越来越多的政府部门、企业、民众积极投身于水土保持和生态建设中来，使之成为全社会共同关心的一件大事，形成了一定特色的社会林业发展之路。本章将立足于水土流失治理和森林恢复的社会效益，分析长汀县政府促进社会参与水土流失治理的做法和效果，为培育与生态文明相配套的公民与社会参与方式提供来自长汀县的经验教训。

第一节　政府机关事业单位率先垂范

　　在政府组织、社会组织和市场组织三位一体的关系中，政府是我国组织社会建设的核心力量，肩负着示范、培育和服务社会力量参与公共事业的重要职能。当社会失灵或者说社会力量发育不足时，政府需要发挥其在社会建设中的主导作用，为各种社会力量参与到公共事业中来提供引导、示范和服务。在上级政府的支持和长汀县政府的号召下，长汀县政府及机关事业单位在各个时期的治理工作中都率先垂范，积极参与能源消费升级、植树种果，引导农民和其他社会主体积极参与。

　　20世纪80年代，农民、商店、工厂等对烧煤仍有顾虑，长汀县机关单位、乡镇、政府、学校、国企带头将烧柴改为烧煤，为推广省煤灶、烧煤锅炉，为能源消费升级、保护山林和保持水土作出了重要贡献。县直机关单位的货车、拖拉机义务运送垃圾肥料到河田水土流失区，为生物治理措施的顺利试验提供了亟需的肥料。1989年，随着河田朱溪河流域被列入国家水土保持汀江流域重点工程建设项目，城关学区、广电局、河田学区、河田二中、河田中学等单位积极前往河田种植果树，共计66.66公顷。

90年代，政府机关事业单位直接参与山地开发和果树种植，引领全社会的积极参与，促进了长汀县水土流失治理由生态治理向开发性治理转变。长汀县委、县政府动员机关干部和职工投资山地综合开发，以实实在在的成效引导群众参与水土流失区的开发性治理。水保局、林业局、烟草局、农业局等部门充分发挥各自优势，广筹开发资金，示范推广杨梅、板栗种植，鼓励群众投入，实现连片开发治理。例如，为了实现河田水保综合开发区万亩果园基地建设，1995年，水保站、林委、县烟草公司各负责开发33.34公顷。1994—1997年间，县直18个单位到河田、策武、馆前、南山等乡（镇）水土流失区进行开发治理。各部门挂钩一个村、一个示范基地，坚持技术、政策示范，每年都安排一定的资金用于水土流失治理，三年共投入资金360多万元，种果树1200公顷，相继建成了杨梅、板栗基地。有了政府部门的带头，加之群众看到了植树种果是一条致富的好门路，纷纷行动起来，参与到水土流失治理中来。

随着2000年长汀县水土流失综合治理被列入福建省委、省政府为民办实事项目，各级政府机关，工、青、妇等群众组织积极发挥作用，在河田镇一片极强度水土流失区域里建起了世纪生态园。经过10多年的努力，园内相继建造了"公仆林"、"荣誉林"、"长寿林"、"青年林"、"巾帼林"、"思乡林"、"园丁林"、"希望林"等，生态园不仅成为长汀县水土流失治理的一个缩影和典范，也成为全社会参与水土流失治理和生态文明建设的重要载体。具体而言，2000年之后，政府部门引导社会参与的方式主要有以下三种。

第一，共建水土保持生态林基地，如"青年林"、"巾帼林"、"五一生态林"和"机关党建先锋林"。2000年，在福建团省委号召下，福建省、龙岩市、长汀县各级团委共筹资110万元，在河田镇游坊村实施"汀江流域青年生态林·世纪林"项目，治理水土流失面积134.67公顷。长汀县团委发动青年上山义务植树，当年种植东魁杨梅9000多株，成活

8200 多株，创造了在重度水土流失区植树成活率之最。2012 年，长汀县团委再一次争取、整合项目资金 110 余万元，发动广大团员青年掀起了新一轮治理、提升"汀江流域青年生态林·世纪林"工作的高潮，综合开发利用山地近 2.67 公顷。2013 年，省、市、县三级团委启动"汀江流域青年生态林·世纪林"二期工程，目标是将世纪林打造成集生态教育、科普科研、对外交流、惠农强农、生态旅游于一体的水土保持项目基地。长汀县团委充分利用治理成果，组织开展形式多样的主题活动，让青少年亲身参与其中，接受生态教育。自 2002 年起，长汀县团委利用暑假在世纪林举办了 7 期生态体验、素质拓展夏令营，开展了"保护母亲河"小流域治理青年突击队竞赛活动。据统计，长汀县共有 206 支青年（红领巾）志愿者服务队，3.1 万多人次义务投工投劳，到"汀江流域青年生态林·世纪林"等山场开展志愿服务活动。"汀江流域青年生态林·世纪林"项目先后被授予"福建省青少年生态教育基地"、"全国保护母亲河行动先进集体"、"全国保护母亲河示范工程"、"省国土绿化十佳单位"、"省级绿化模范单位"等荣誉称号。

长汀县妇联、福建省直机关工委、长汀县总工会分别组织妇女、机关干部、工会会员参与植树造林、种茶种树。1999 年，在省、市、县、乡镇妇联的共同努力下，长汀县妇联采取妇联投入、部门联动、乡村协作、妇女管护机制，在河田镇露湖村建立"长汀县水土保持巾帼林"73.34 公顷，其中包括 33.33 公顷的板栗基地。这不仅动员广大妇女以实际行动支援了长汀县水土流失治理，还促进了农村经济发展、增加了农民收入。此后，长汀县妇联多次组织妇女到"巾帼林"种植经济林果，有效地发挥了妇女半边天的作用。2012 年，由福建省总工会负责建立的"五一生态林"正式在长汀县河田镇露湖水保生态园成立。"五一生态林"依托龙岩、长汀县水保和林业等部门落实工程措施和植物措施，总面积达 100 多亩。除长汀县外，福建省总工会还计划在安溪、宁化、平和等其他 21 个水土流失重点县建设"五一生态林"、"劳模林"等。通过开展"五一生态林"建设，福建省、市、县各级工会充分发挥劳模的示范带动作用，引领广大职工群众积极投身到全省的水土流失治理工作中。2012 年，福建省直机关工委组织 12 个省直机关单位与龙岩市和长汀县两级机关工委干部在长汀县水土保持科教园共同建立了"机关党建先锋林"，成为福建省机关党建实践教育基地。省直机关工委在长汀县水土保持科教园内采取出资认种、认养等方式，高质量绿化更新 1 公顷山林，为福建全省机关学习长汀县经验作出了表率。2013、2014 年，这 13 个单位继续援助长汀县水土流失治理工作，筹资近百万元在河田游坊治理崩岗，带动了各单位进一步采取资金扶持、技术服务等参与到长汀县水土保持工作中。

第二，政府组织全民义务植树。2011 年底，习近平同志对长汀县水土流失治理成就给予批示后，各级政府在长汀县掀起了全民义务植树的高潮。2012 年，龙岩市长汀县举行了以"群策群力治理水土流失，同心同德共建生态长汀县"为主题的全民义务植树活动。活动期间，省市各有关部门 32 批 2650 人次赴长汀县义务植树，种植银杏、桂花、木荷、枫香、樟树等 10 万余株。各乡镇各部门也开展了种植"生态林"、"世纪林"、"电力林"等形式多样的全民义务植树活动，长汀县参加义务植树 25 万人次，完成义务植树 99 万株，尽责率和株数完成率分别达 96% 和 95%，新建义务植树基地 46 公顷。

第三，各部门自发组织义务植树活动。为了给长汀县新一轮水土流失综合治理尽一分力，许多政府部门将党建组织活动的舞台放到水土流失区，组织干部职工以实际行动参与到水土流失治理工作中，各种小规模的义务植树活动遍地开花，形成了良好的部门参与氛围。例如，龙岩市交通局、长汀县人口计生局、长汀县新闻中心等分别组织干部职工到水土流失区开展义务植树活动，丰富了政府引导社会参与的机制和方式。

政府机关、事业单位率先垂范构成了政府项目治理、市场主体治理的重要补充。领导干部职工在受教育的同时，也在全社会营造了关心、重视水土流失治理的良好氛围，使长汀县水土流失治理拥有了广泛的社会基础。有了政府部门的带头示范，民众逐渐意识到保护生态环境的重要性，纷纷自觉参与到生态建设中来。

第二节　企业积极承担社会责任

改革开放以来，长汀县政府逐渐认识到企业在生态建设中所发挥的有益作用，积极为企业支持、参与水土保持和森林恢复提供有利的外部环境和参与机会。随着企业对履行社会责任意识的日益提高，越来越多的企业主动加入到水土保持和森林恢复活动中。勇于承担社会责任的企业通过植树造林、保护森林等活动不仅推动了水土流失治理工作，也有助于动员广泛的社会力量参与到生态建设中来，实现政府和企业的优势互补和合作共赢。

企业参与长汀县水土流失治理始于 20 世纪 80 年代初。当时，这是作为计划体制下的一种强制参与形式。80 年代初，县汽车运输车队、县林场的汽车队就义务参与到为河田运送煤炭、垃圾肥料的任务中，推动了河田群众改煤节柴、荒山治理工作的开展，有效保护了山上的植被。90 年代末期，长汀县策武镇南坑村银杏基地的建立和运行是企业家履行社会责任建设美好家园的典范。南坑村原来是长汀县有名的贫困村，水土流失给百姓生产生活带来了严重的危害。原厦门市民政局副局长袁连寿及其夫人、原厦门华美卷烟有限公司董事长刘维灿，看到家乡南坑村治理水土流失、改变穷山恶水缺乏资金，积极在厦门动员社会力量筹集资金，成立长汀县凌志扶贫协会，支持村民种果养猪。村民种果、养猪可以获得贴息贷款，还专门聘请了 4 名种果、养猪技术专员。1999 年，在袁连寿和刘维灿夫妇的支持下，引进厦门树王银杏制品有限公司，租赁村民山场 154 公顷，修果园道路 19810 米，通过"公司 + 农户"方式带动村民种植银杏 133.4 公顷。昔日的光头山变成了果飘香的花果山，全村宜果荒山全部种上了银杏、油奈、桃、李，种植面积 515.93 公顷，其中银杏 286.67 公顷。银杏基地已由原来的劣质低效地变为优质高效地，实现了企业、村庄和农民以及生态和经济效益的共赢。

2012 年，中国石油天然气股份有限公司响应中央号召，积极履行企业社会责任，在长汀县投资建立"中石油万亩水保生态林"，成为长汀县水土流失治理最大规模的社会投资。该项目总投资 4317 万元，规划面积 693 公顷，建设地点在水土流失严重的河田镇露湖、明光、朱溪、罗地、伯湖等 6 个村，由长汀县林业局负责组织实施，项目建设期为 4 年。项目区原来树种单一，均为马尾松纯林，生态功能脆弱，抵御森林火灾、森林病虫害等自然灾害能力差，是典型的"远看青山在，近看水土流"。项目采取了"种、补、改"的综合技术措施，栽种了无患子、樱花等具有经济和生态价值的 17 类树种，提高了森林景观观赏价值和生态效能。通过高起点规划、高标准施工，项目示范片形成了多树种、多层次、多效益的水保生态示范林，最终将形成稳定的森林生态体系和森林景观，成为长汀县森林恢复的示范工程。

国家电网长汀县供电有限公司积极发挥电力作为高效、清洁二次能源的重要作用，承担起了"以电代柴，以电代燃，加快长汀县水土流失治理"的重任，为转变水土流失区能源消费结构、提高农民生活水平作出了贡献。2000年以来，为彻底转变当地老百姓上山砍柴的习惯，国家电网长汀县供电有限公司共投入建设资金近6亿元，先后实施了农村电网建设与改造、"户户通电"和新一轮农网升级改造等惠民工程，形成了以220千伏变电站为中心、110千伏环网供电的坚强电网，长汀县电网的供电能力翻了两番。建成了3个新农村电气化镇、33个电气化村，受益农户达1万余户。据统计，长汀县约有70%的用户用上了电饭煲、电磁炉等新型电气化炊具，彻底改变了当地老百姓上山砍柴的习惯，巩固了水土流失治理的成果。此外，福建省、龙岩市、长汀县电力公司还组织党员干部到长汀县河田镇露湖村山场开展共植"电力林"活动，由福建省、龙岩市、长汀县电力公司以合作共建形式筹资建设，通过采取出资认种、认养等方式，高质量绿化更新山林3.33公顷。

第三节　打造科教基地

2000年，为了广泛发动社会各界力量参与水土流失治理，普及科普知识，长汀县政府在河田镇露湖村兴建了长汀县世纪生态园（2007年更名为长汀县水土保持科教园），目前，生态园已成为各界人士、中小学生接受环境保护教育、支持生态建设的重要场所。整个园区面积121.2公顷，种植纪念树1.5万株，设立有宣传馆、公仆林、项公广场、试验区、物种园、福建省（长汀县）水土保持研究中心等。10年来，各级领导、各界人士踊跃植树种果，形成了丰富多样的植被。每到假日，一批批学生来到科教园观察不同的生物树种，了解水土保持科学知识，体验水土保持治理的历程和取得的显著成效。科教园先后被授予"国家水土保持科教示范园"、"全国中小学水土保持实践基地"、"福建省省内水利风景区"等称号，成为集水土保持示范推广、科普教育、观光旅游和对外交流为一体的水土保持风景区和旅游目的地。

长汀县汀江国家湿地公园是长汀县政府主要打造的水土流失治理和生态文明建设的新典范、新样板。该湿地公园位于长汀县三洲镇，范围涉及河田、三洲、濯田3个乡镇12个行政村，总面积590公顷，其中涉及湿地公园面积466.81公顷，涵盖汀江及其支流河道28.5公里。过去，三洲镇曾是长汀县水土流失最为严重的乡镇之一。30 多年的有效治理不仅改变了过去"山光、水浊、田瘦、人穷"的状况，还建成林果连片、鸟语花香的万亩杨梅基地。长汀县政府将三洲镇蕴藏的丰富的湿地资源、人文景观和生态建设成果结合起来，试图打造一个生态文明教育的重要基地和全国治理水土流失、加强生态建设的重要展示平台。经过各级政府的努力，湿地公园于 2012 年正式奠基，并于 2014 年 11 月正式开园。湿地公园设置了保育区、宣教展示区、合理利用区和管理服务区等 4 个功能区，并建立了中国杨梅博物馆。在保护湿地资源、景观资源基础上，公园形成了集"客家母亲河——汀江生态修复典范"、"南方丘陵水土流失地区湿地生态建设新模式"、"汀江特有鱼种保护恢复地"于一体的特色生态旅游区，成为展示长汀县水土流失治理和生态文明建设成果，丰富人民精神文化生活的绝佳载体。

早在 20 世纪 80 年代，长汀县就注意抓好宣传发动工作，提高全民治理水土流失、保护生态环境的意识。为了动员全社会积极参与水土流失治理，长汀县政府主要采取了以下几种方式来宣传发动社会参与：一是印发宣传资料，张贴标语，播放影像资料，促进千家万户的自觉行动。先后印发了《森林法》、《水土保持工作条例》、《水土保持三字经》、《水土保持法》、《封山育林乡规民约》等宣传册，在闹市区、乡镇交通要道悬挂水土保持标语，摆放大型水土保持宣传牌，建立固定墙报等。二是加大媒体宣传力度，积极向全社会宣传、反映长汀县水土保持动态。一方面，通过政府内部的各种简报，向各级政府各单位反映长汀县水保工作情况动态，争取各方面支持；另一方面，积极通过中央、省、市和县各级媒体的采访报道和宣传，扩大全社会对长汀县水土保持的关注度和影响力。三是积极组织各单位干部职工、中小学学生、企业员工、群众参观水土保持示范点，接受水土保持和生态环境教育，使大家认识到治理水土流失的必要性和可能性。

第九章　森林景观恢复视角下的
长汀县生态建设

　　1999 年，国际自然保护联盟（IUCN）与世界自然基金会（WWF）提出了森林景观恢复的理念，强调技术、政策和制度整体性、综合性方案。这个方案重视当地居民和社区的参与，考虑利益相关者的生计需求，建立跨部门合作的长期制度保障，推动在景观层次上实现包括人、居民区、森林等生态系统各组分的有机联系。本章试图引入森林景观恢复的理论和方法，从森林景观恢复的视角审视长汀县的植被恢复和水土流失治理，总结长汀生态建设的经验。

第一节　森林景观恢复的概念与内涵

　　森林景观恢复的定义非常多。这些概念有的从自然科学出发，尤其是将生态学、景观生态学运用到森林管理实践中；也有的从社区或相关利益者参与出发，讨论森林、农田和村庄等景观要素的合理组合；也有的从政策出发，试图讨论多部门合作、综合协调政策措施的形成，推动景观层次上生态系统的改善和恢复。我们更愿意整合自然科学和人文社会科学理论和方法，寻求恰当的措施，实现包括森林在内的生态系统的可持续恢复。

一　概念的产生背景

　　地球上大约已经有一半的森林植被遭到了破坏，现存的一半森林面积质量也在不断退化，大面积的森林遭到破坏后，留下了破碎的山河、残败的景象，生态功能和生产力均十分低下。生态系统的破碎化致使在治理、政策和技术上，森林、农田、村庄之间的联系被割裂开来，森林植被恢复面临挑战。

　　有记载的规模化恢复森林植被可追溯到 16 世纪前，英国政治作家约翰·艾薇莉撰写了开展大规模植树活动的手册。近代，各国林业部门努力开展形式多样的造林活动、援助和保护项目，以实现提供林产品和恢复生态功能的目的。

　　按照《联合国气候变化框架公约》和《京都议定书》中的概念，在无林地上恢复森林植被，可划分为造林（afforestation）和再造林（reforestation）。造林指通过人工植树、播种或人工促进天然下种方式，将至少 50 年不曾有森林的土地转化为有林地的直接人为活动。再造林指通过直接人为措施，如植树、播种和人工促进天然下种的方式，将过去曾经是森林但被转化为无林地的土地重新转化为有林地的直接人为活动。20 世纪，人工林的发展为森林恢复作出了重要贡献。20 世纪 50 年代以后，绿色革命技术迅速提高了人工林的生产力，人工林的纤维供应能力有了大幅度的提高。人工林木材供应能力的提高，在一定程度上减缓了世界森林减少的速度。

　　人工造林带来了许多生态问题。例如，长汀县大规模人工森林植被恢复的实践，其结果是较大比例的人工林转化为老头树，生产力低下，杉木连载地力下降，竹林退化，林下水土流失严重，生物多样性差。学者们进而提出了森林恢复（Forest Restoration）的概念，即在保护现有植被的基础上营造人工林、灌木林或草地等地上植被，恢复生态系统功能及其生物多样性，以重新建造遭到破坏的森林等自然生态系统（宋永昌，2001）。森林恢复成为一种重要的森林植被恢复理念，既可恢复森林生态系统的生产力、活力，同时又减少水土流失、提高土壤质量、增加生物多样性（万存绪和张效勇，1991）。

　　然而，一些国家和地区森林恢复项目或行动，要么仅仅考虑社会或经济需求，而没有考虑长期生态后果；要么强调绝对保护，而忽视了不同利益者的多种需求。一些森林恢复行动没有深入分析毁林和森林退化的成因，本质上仅仅是一个简单的造林活动，甚至少数植树造林活动只是一个政治作秀，难以取得显著的效果。在对大量森林恢复案例总结和分析的基础上，IUCN 等国际组织提出了森林景观恢复的概念：森林恢复过程中必须考虑当地居民和社区的参与，必须考虑利益相关者多样化的生计需求，建立起长期制度安排，保障实现生态和经济社会目标。

　　近 30 年来，国际社会十分关注森林面积的减少和质量的下降。2007

年由联合国相关机构通过的《非法律约束力森林文书》要求，到 2015
年，森林面积减少的趋势需得到遏制。同年，在 APEC 领导人非正式会议
上，亚太地区率先在政治上达成共识：到 2020 年，亚太地区森林面积开
始增长。森林景观恢复须将当地人、政策、制度等内容纳入到森林恢复过
程当中，当地的利益相关者商讨形成共同目标、选择综合政策方案，以获
得跨部门、可持续且被广泛接受的有效的制度安排。这一概念的提出希望
能够贡献于波恩目标的实现，即到 2020 年，全球能够恢复退化或损毁的
森林面积 1.5 亿公顷。

　　森林景观恢复除了上述实践上的需求外，国际学术研究的进步也在一
定程度上推动了森林景观恢复概念的形成。近百年来，人类对生态系统研
究逐步走向深入；近 60 年来，景观生态学的兴起为人类恢复退化的生态
系统提供了理论的依据，提出了生态恢复（ecological restoration）和景观
恢复（landscape restoration）的概念。生态恢复是恢复被损害的生态系统
到接近于它受干扰前的自然状况的管理与操作过程，即重建该系统干扰前
的结构与功能及有关的物理、化学和生物学特征（许木启，1998）。美国
生态学会认为：生态恢复是人们有目的地把一个地方改建成定义明确、固
有的、历史的生态系统的过程，这一过程的目的是竭力仿效那种特定生态
系统的结构、功能、生物多样性及其变迁过程（赵平，1999）。这些定义
都未探讨生态系统与周围环境的关系，仅从生态系统尺度上进行生态恢复
与重建，并未达到真正意义上恢复与重建的目的。因此，生态恢复要诉诸
景观途径。Hobbs RJ（1996）提出景观恢复是从景观尺度上考虑恢复，它
是指恢复生态系统间被人类活动破坏或破碎的自然联系。这表明，景观恢
复不是局限于某个生态系统，而是注重景观格局及其各要素间的功能联
系，以在更大尺度上实现生态恢复的目标。

二　概念

　　1999 年，IUCN 和 WWF 以及其他一些组织，提出了"森林景观恢
复"的途径。2001 年，森林恢复专家塞尔维亚第一次提出了"森林景观
恢复"概念，即：致力于恢复采伐迹地或景观退化区域生态系统完整性
的同时造福于人类的过程。森林景观恢复的本质是在景观框架下作出决
策，处理景观范围内人、森林资源、土地利用、人与资源的生计依赖等动
态因素之间复杂关系的方法。它通过合作的形式来协调利益相关方在森林

资源恢复和经营方面的决策，以恢复生态完整性和提高人类福利水平，实现景观尺度上经济效益、社会效益和环境效益的平衡，促进当地及国家的可持续发展。其中，森林景观是指以森林生态系统为主体的景观，也包括森林在景观整体格局和功能中发挥重要作用的其他类型的景观。

森林景观恢复强调更好地恢复森林功能，而不是使森林覆盖率最高，即森林景观恢复不只是单纯的植树造林式的森林数量上的增长，而是鼓励实施者制定景观水平内的基于立地的决策，在保证这些决策不降低景观水平内森林功能数量的同时，也不降低森林功能的质量；强调平衡各方利益需求，强调国家政策的干预，将当地利益相关者参与计划和经营决策视为森林景观恢复的重要组成部分；促进立地水平恢复的同时，强烈反对引起景观水平上人类福利和生态完整性降低的活动（张晓红，黄清麟，2011）。

森林景观恢复的目的不是还原森林景观的最初状态，即原始森林并不是所要力求达到的最理想状态。而是在立地水平下，加强景观所在的森林生态系统的自我恢复能力，使其能够天然更新、生态修复。相比其他恢复途径，森林景观恢复更注重退化与次生森林的恢复与经营。国际热带木材组织（ITTO）在2002年提出的《热带退化与次生森林恢复、经营和重建指南》中详细界定了退化与次生森林，相比原始林，退化与次生森林是指原始林因遭遇砍伐、火烧等人为因素而不可持续利用或遭遇风暴、火灾、洪水等自然灾害，造成森林或林地的变化超出了自然过程的正常作用的森林和林地。

按照森林景观恢复的理念，为了在长汀实现森林景观恢复、治理水土流失，若单单采取植树造林、封山育林的措施，可能会在一定程度上与当地群众生计需求产生矛盾，与当地经济社会发展产生冲突。因此，要治理水土、实现生态建设目标，就需要多方利益相关者共同协调。要在森林经营单元上，更要在整体性景观测度上，深入分析毁林和森林退化的原因，制定适合当地社会、经济、环境背景的技术恢复措施。更为重要的是，不能仅仅简单采取技术层面的恢复措施，而应综合考量生态、经济、技术、社会、文化因素，将生态恢复技术与减贫、经济发展和社区发展结合起来，制定一揽子的政策方案和制度安排。森林景观恢复事业不可能一蹴而就，需要制定综合、长远的计划。

三 森林景观恢复的特征

与传统的森林植被恢复相比，森林景观恢复具有以下五个方面的特征。

（一）基于景观尺度

景观是在一个相当大的区域内，由森林、荒地、草原、农田、湖泊、河流和村庄等许多不同生态系统所组成的整体。对其中退化森林、荒地的植被恢复活动都必须考虑到对整个景观的影响，并不是局限于单个立地上，而是从景观层面上作出决策；也不是从森林本身出发，一味追求森林面积的扩张，而是以景观生态系统的结构和功能优化作为优先目标，将在单个立地层面上难以实现、甚至有时相互矛盾的需求，在景观层面上实现统一。

（二）森林景观恢复途径和措施选择是否恰当，应受到人类福祉和生态系统可持续性的双重约束

一方面，森林景观恢复必须要造福于人类，直接或间接提供生计选择，改善社会和政治状况，重视人类物质、经济和精神生活的需要。尤其是对于依赖森林维持生计的农村贫困人口，森林景观恢复应考虑保障穷人生计、降低其面对风险的脆弱性，减少贫困。另一方面，森林景观恢复必须明确森林丧失和退化的原因及压力，恢复森林的生态功能，维持生态系统的可持续性，提高生态系统的多样性和稳定性，增强生态系统适应变化的能力，以满足人类下一代的需求（Lamb D，2003）。

（三）重视相关利益群体合作的过程

森林景观恢复是一个综合治理的过程，在横向上，需要创造合作协调的政治氛围；在纵向上，需要构建自下而上的制度体系：不仅要考虑不同利益相关者的利益诉求，更要促进不同利益相关者共同参与决策制定过程，使得个人、村集体、合作组织、企业、政府部门、科研机构能够清晰地表达意愿，不断交流、合作、协商，并自下而上地对决策产生决定性的影响，各方的意愿应在最终形成的政策方案中得到回应、反馈和融合。将退化的森林景观进行恢复是一个参与式的进程（NewtonA. C. et. al. 2012）。

（四）旨在恢复景观层次的整体性、健康和活力

景观层次的整体性不仅包含不同土地利用方式的单个立地，更是覆盖两个或多个互相联系的生态系统，是由原始森林、次生林、人工林、荒

地、农耕地、草原、湖泊、河流和村庄等许多不同生态系统所组成的
"马赛克"式的整体。

（五）森林景观恢复旨在促进不同生态系统需求之间的平衡，恢复景
观层次的整体性、健康和活力

森林景观恢复就是在毁林和退化的森林景观层面上，以重塑生态完整
性为目标的计划性的进程，可运用在更为广阔的生态恢复实践中（Magin-
nis et. al. ，2007）。一方面，突破了生态系统类型限制，不仅适用于原始
森林，还适用于次生林、林地甚至耕地，适用范围广泛；另一方面，不仅
仅适用于短期的生态恢复方案，而且可以适应不断变化的生态、经济、社
会需求，适用于长期的生态恢复实践，具有前瞻性。

第二节　森林景观恢复的研究、倡导及实践

在过去 10 余年中，世界自然保护联盟（IUCN）、世界自然基金会
（WWF）、国际热带木材组织（ITTO）、联合国粮农组织（FAO）等国际
组织，许多国家和地区采取了积极措施，推动森林景观恢复的研究、倡导
与实践工作。Gilmour（2000）等阐述了越南、老挝、柬埔寨、泰国等 4
国退化森林的景观恢复，并从技术、政策和过程多个角度总结森林景观恢
复的经验与教训。2002 年，坦桑尼亚、乌干达、埃塞俄比亚、肯尼亚等
非洲 4 国联合提出了非洲区域森林景观恢复的原则，IUCN 和 WWF 联合
组织了非洲森林景观恢复研讨会，审定并通过了非洲森林景观恢复的共同
原则。在 WWF 支持下，Tim Ecott（2002）对保加利亚稀有鸟类栖息地、
中国大熊猫栖息地、马来群岛野生动物迁徙廊道、巴西大西洋片断森林走
廊、新喀里多尼亚热带干旱森林等全球 5 个重要生态区森林景观恢复项目
开展了案例研究。Maginnis（2002）等在分析热带地区进行森林恢复的原
因时，列举了坦桑尼亚和马来西亚森林恢复的实例。IUCN（2005）则对
坦桑尼亚希尼安加地区实施 FLR 后的社会、经济与环境情况进行了全面
总结。Lamb D（2003）详细介绍了采用 FLR 途径重建和恢复退化森林时
的具体方法，并对加拿大、尼泊尔、巴西、新西兰的森林恢复，以及开展
森林景观恢复（FLR）的中欧和芬兰西部、俄罗斯中部、苏格兰地区等的
案例进行了研究。

2005 年 4 月，在巴西彼得罗波利斯，举办了"森林景观恢复实践国际

研讨会"，发布了《彼得罗波利斯宣言》。宣言中介绍了坦桑尼亚、英国、巴西、中国、印度、马里等国家森林景观恢复的成功经验。这些案例证明了，面对退化林地和无林地，采用森林景观恢复的方法可在增加系统生产性功能、改善当地群众生计的同时，重新恢复森林生态系统原有的重要功能。此后，森林景观恢复的实践和研究得到了迅速发展。IUCN 与 WWF 联合出版的森林保护简报 *Arborvitae* 陆续刊登了森林景观恢复的案例，以在全球层面分享并推动森林景观恢复的工作。这些案例包括坦桑尼亚的 Ngi-tili 地区森林景观恢复、印度湿地红树林景观恢复、英国古代林地森林恢复、秘鲁神庙退化流域的森林景观恢复、葡萄牙栓皮栎林景观恢复等。

在中国，景观一词，很容易引起歧义，一般指的是自然景色，或人工创造的森林景色。而森林景观恢复的概念，往往被人们误以为是人工创造森林美景的方法，这与森林景观恢复的本意南辕北辙。也正因如此，我国是引入森林景观恢复概念和方法比较早的国家，森林景观恢复的实践和成就令任何一个国家都难以望其项背。然而我国相关研究成果和经验总结却较为缺乏。2004 年，在四川举行了中国森林景观恢复研讨会。会议介绍了森林景观恢复的理念以及中国的实践探索，一致认同森林景观恢复的目的是使社区和自然环境共同受益，加强农村发展、林业和其他自然资源管理和保护活动之间的关系。2004—2007 年，由 WWF 资助，在四川省实施了旨在恢复大熊猫栖息地的森林景观恢复项目，通过多部门协调、社区参与、专家与各级保护人员合作的方式，建立了保护区和走廊带，以减少非法采伐和盗猎，在社区推广替代生计以减少对大熊猫栖息地的干扰。2007—2011 年，由北京林学会和 IUCN 合作，在北京密云水库流域实施了"森林景观恢复与生计改善"项目。密云水库流域森林景观恢复项目通过参与式近自然经营、林下经济、低碳社区建设和能力建设等综合措施，既恢复了当地的森林景观，又有效改善了社区民众的生计，并总结出一整套系统、成熟的森林景观恢复技术模式，形成了特大城市水源地保护的相关利益者参与的方法和途径。

第三节　森林景观恢复的国际进展与经验

21 世纪以来，从不同国家造林、重建、恢复的案例中，国际林业研究中心（CIFOR）总结出森林景观恢复必须贯彻的三个基本要素：社区参与、生计需求与制度安排。

一　社区参与

一般来说，社区组织是基层最主要的利益相关方。相关利益者的积极参与，能够充分体现当地实践经验和本土知识的作用，对于森林景观恢复的实施和可持续性都十分重要。北京的密云水库森林景观恢复项目，社区居民在项目方案的制定和实施中的参与，既调动了村民管理资源的积极性，增加了违规者的风险和成本，又减少了项目的实施成本，减轻了村民负担，降低了社区居民对森林资源的经济依赖。在森林景观恢复的树种选择上，联合国粮农组织（FAO）倡导鼓励村民基于世代传承的林业传统知识，对各个树种的适宜性进行评价打分，择优选择，以乡土树种恢复森林景观。

实施一个森林景观恢复的项目，从提出概念、项目开发、实施到监测、评估等各个环节，应该关注地方组织，尤其是社区组织的参与。确定不同利益团体的利益和偏好，建立有意义的社区参与是森林景观恢复的一个重点。始于 1973 年的韩国森林重建项目，尽管初期时政府干预的影响比较大，但之后自发性的乡村社区的影响随之增强，自下而上地组织了乡村林联、林业联合委员会等社区组织，发展了新乡村运动（Saemaeul-Undong），推动了村民广泛直接地参与生态恢复过程和山地绿化管理的决策和行动。

二　生计需求

在计划中必须包括改善生计的政策，开展的项目也应针对当地人的需求，从而确保他们对项目的持续参与和兴趣。但在一些情况下，森林景观恢复项目剥夺了当地人原本的生计，若将耕地恢复为森林，当地人就无法再进行农业耕作，这时需要给当地人提供其他替代生计。而在菲律宾和越南，因耕地转化为林地，且无其他替代生计，项目相关者经常放火焚烧项目区，这样他们就可以重新被雇用去种树或重建森林。可见，在推动森林重建之前，迫切需要对当地人未来的生计需求进行社会经济分析并开展小规模试点，以保障当地农户和社区能够直接从重建后的森林中获益。韩国森林景观恢复计划的内容就包含了提高公众的收益，强调收入和福利的增长，提出了"有林产品的森林"理念，鼓励当地人在重建的林地上种植果树和坚果树等经济林，并且统一由村级管护。

三　制度安排

适当且有效的制度安排对于促进重建项目中的社区参与和满足生计需求，以确保森林景观恢复的可持续性是至关重要的。这包括非常明确且毫无争议的土地权属安排、确保地方生计需求与资金支持的政策安排、可执行且清晰的法律框架，以及有效顺畅的不同层面的机构、组织、团体间的协调机制，可执行且清晰的法律框架；包括经过全面和共同协商，在众多利益相关者之间就人物、权利、成本和利益进行明确界定。被多方认可的明晰的制度安排有利于避免冲突，有助于支持协调一致的项目管理和完成既定任务，确保不同的利益相关者能够获得共同认可的利益，保障他们对项目的长期投入。在印度尼西亚，在当地政府正式承认社区行动、制定当地规定和提供资金支持等各种制度性安排下，社区和当地林业部门利用参与式方法成功地重建了退化的土地。政府恰当地回应了当地需求，提供强有力的制度和资金支持。当地机构得到了认可，被赋予了应有的权力，技术上也得到了支持。譬如，社区可以出售木材，并继续他们的各种活动，因此，社区本身有很高的积极性改变土地利用方式及其生计，这些又得到了来自社区的强有力的支持。在这些做法的实施过程中，政府、林业部门、社区之间的权利和义务得到了清晰的划分（Unna Chokkalingam，2004）。

第四节　森林景观恢复视角下的长汀经验解读

谈起森林植被恢复，长汀县林业局吴东来副局长颇感自豪："山真正绿起来了，不论何地，也不论哪个角度，都会是养眼的景观。"长汀县经历了植被恢复和水土流失治理、经济林发展和农林复合经营等多个阶段的生态建设过程。在每一个阶段，长汀县都尽力确保相关利益者共同参与，提出了整体性的技术方案，并始终将当地人的生计改善和生态系统功能的恢复有机统一起来。

一　坚守共识

治理水土，先治山林。森林植被破坏是导致长汀县水土流失的直接原因，水土流失治理必须以恢复森林植被为切入点。将裸露的荒山变成郁闭葱茏的巍巍青山以实现水土流失治理，是长汀县人民始终不变的目标。1941 年，原福建省研究院土壤保肥实验区主任张木匋在现存最早的长汀县水土流失调查报告中有这样的描述："为什么有侵蚀的现象发生在河田，可毫不迟疑地回答：起于山地被覆植物的消灭！河田近十年来迭遭兵匪的扰乱，山上林木，早已荡然无存了……自灌木茅草以至枯枝落叶，均被砍伐，为着肥料的缺乏，更不惜加火烧山，铲挖草皮……苍翠的山岭，不断地受着蹂躏，遂一变而为支离割裂的光山；更继续地受着摧残，青草绿叶终于全部绝迹了。"新中国成立后，长汀就陆陆续续在水土流失地开展植树造林。1959 年，长汀县人民委员会发出《关于严格禁止滥砍乱伐林木的通知》，对公路、河堤两岸以及水库周围、屋前屋后、名胜古迹、高山陡坡、岩石裸露和容易引起水土冲刷地区的林木不准砍伐。禁止采伐杉木、樟树、黄褚、木荷、槠栲类，油桐、油茶、毛竹等经济价值高、生长正常的林木作为薪材。对薪材和烧木炭所需的林木，应尽量利用其他不能成材的什柴、灌木或充分利用砍伐木材的剩余物和林木抚育的枝条及病枯木、弯曲木。1962—1966 年，长汀县动员群众上山造林、工程施工，种植乔灌木及各种草类 2500 公顷。1983 年，在时任福建省委书记项南同志的支持下，福建省政府组织了省林业厅、水电厅、农业厅、水土保持办公室、福建农林大学（原福建林学院）、福建省林业科学研究院（原林科所）、龙岩地区行署、长汀县政府等"八大家"承包、支持、检查、督促治理河田水土流失。20 世纪 80 年代末 90 年代初期，长汀县林业部门组织实施了消灭荒山运动、"三五七"造林绿化工程，奠定了长汀县水土流失区植被恢复的基础。2000 年 6 月，时任长汀县县长的黄福清签发《长汀县人民政府关于封山育林命令》，规定县内江河流域、公路沿线第一重山，水库周围、水土流失区、自然保护区（小区），村、镇环境保护风景林以及生态公益林实行全封山，其余村地实行半封、轮封；在全封山区域内，禁止打枝、割草、放牧、采伐、采脂和野外用火，禁止毁林开垦和毁林采石、采土、建坟及未经批准的一切林事活动。

治理山林，先治贫困。长汀县人民世代深受水土流失之苦，水土流失直接影响着生态、防洪、粮食和燃料获取。百姓富才能生态美，政府和农民在地方发展、农民致富上达成了一致共识，并得以持之以恒地坚守。水土流失地区往往经济落后，贫困程度高。新中国成立前，这里的村民"以番薯渣果腹，熟年不知咸味"。"头顶大日头，脚踩砂孤头，三餐番薯头，田瘦人又穷"。人穷山光，治山先治穷。在水土流失的治理过程中，百姓应是由穷变富，而不是越治越穷，治理成本不能由百姓来负担，更不能因水土流失治理阻碍了老百姓之前从森林获取燃料、食物、木材的生计需求，对百姓的生产生活产生负的外部效应。人越穷越破坏森林植被，加剧水土流失，只有老百姓经济水平提高了，生活富足殷实了，才能降低其以森林资源作为经济来源的依赖程度，减少其对森林的破坏程度，森林生态系统才能够得以自然恢复，土地得以休养生息，从而控制水土流失。1983 年 4 月，时任中共福建省委第一书记的项南视察河田水土流失区，与长汀县干部一起总结出《水土保持三字经》："责任制，最重要；严封山，要做到；多种树，密植好；薪炭林，乔灌草；防为主，治抓早；讲法治，不可少；搞工程，讲实效；小水电，建设好；办沼气，电饭煲；省柴灶，推广好；穷变富，水土保；三字经，永记牢。"此三字经将水土流失治理视为一个多措并举的综合治理过程，需要治理主体之间的责任分工、协调合作。植树造林、乔灌草生态技术修复措施与以沼气、电饭煲替代柴灶等燃料升级措施相结合，更是强调了水土流失治理的成效与老百姓经济水平的提高之间应是相互影响、相互促进的。水土流失的治理必须与反贫困、地方经济发展、农民致富相结合，发展经济林，将裸露荒山变成巍巍青山，从而致力于将"火焰山"变为带来财富的花果山。长汀将发展经济和生态建设置于全县经济社会发展的战略重点，无论是在发展战略、政策和具体实施中，二者相互促进，相辅相成。

二　建立伙伴关系

长汀的水土流失治理需要尊重和协调农民、县林业局、县水保局、县政府、上级政府、林业企业、教育科研机构在内的各个利益相关者的潜在的利益诉求，各利益相关者出于生存环境改善、经济利益、政绩需求、管理需求或科研需求，在本质上都有着治理水土流失的诉求。长汀积极调动各利益相关者之间的能动性，促使他们利用各自的资源，协调合作，优势互补，采取策略和行动，实现治理水土流失、恢复森林景观的共同目标。

对于农民来说，其一，如果可以获得林地的使用权或林木的收益权，从事用材林、经济林的种植以获得经济收入，那么，他们就有经济激励上山造林。"谁治理、谁管护、谁收益、长期不变、允许继承"的"四荒"拍卖政策正是满足了这样的需求，充分利用了农民上山造林以获得林地、林木产权的激励，调动了农民参与治理的积极性，群众成为治理水土流失的主体之一。1994年9月，福建省在长汀县策武乡开展了"四荒"地使用权的拍卖工作，策田、策星两个村参加报名投标的121户中有59户中标，共拍卖"四荒"地使用权2256亩。其二，通过以工代赈的方式，将广大农民召集到水土流失治理过程中，在解决水土流失治理过程中劳动力投入问题的同时，也以劳动报酬的形式增加了农民的收入。1988年，长汀县申请的世界粮食组织援助治理水土流失工程项目，群众投入治理用工1217.37万个工日。2000—2003年，累计投入劳动力176.1万个工日。其三，大力发展农业、经济林和县域经济，促进农民脱贫致富，并引导农民以煤、电、沼代柴，从根本上解决群众燃料和贫困问题。

种植大户、农村专业合作社、林业企业等新型林业经营大户在90年代末期以后也越来越有意愿投入到水土流失区的治理与开发中。山林经营权流转、林权制度改革的资金扶持、贴息贷款、基础设施配套、税费减免等一系列优惠政策，调动了群众和社会参与治理的积极性和创造性，拓展了植树造林、治理水土流失多方参与的道路，为建立和完善水土流失区治理开发体制机制以及多元化投入机制奠定了一定的基础。

对于政府部门而言，长汀县政府曾三次下达关于治理水土流失的县长令，强有力地协调监督水土流失的治理过程；林业局以提高森林覆盖率为主要目标，与长汀县的水土流失治理是紧密相关的，主要负责轻度及中度水土流失区的人工造林、封山育林，以提高森林覆盖率、恢复森林的生产力；水土保持局以降低水土流失率为主要目标，充分发挥了其作为特设机构的政治资源和掌握水土保持专项治理资金的作用，主要负责在强度以上水土流失区采取低效林改造、农林牧复合经营体系、工程与生物技术措施相结合的模式治理水土流失，并积极开展万亩板栗基地的种植开发工作。

长汀县水土流失区利益相关者分析具体如表9-1所示。

表9-1　　　　　　　　长汀县水土流失区利益相关者分析

利益相关者	特征	需求、利益	优势	参与程度
农民	林地所有者或使用者，依靠自然资源获取收益	深受水土流失之苦，脱贫致富和治理水土流失诉求高；但经济收入低，对薪柴依赖高	林地产权所用者和承包者；具有当地森林经营管理的地方知识；劳动力资源丰富	直接参与，主要受益人

续表

利益相关者	特征	需求、利益	优势	参与程度
县政府	制定当地发展规划，并发挥主导、协调、统筹作用	重视当地综合发展指标，治理诉求高	掌握财政、组织、技术优势；能协调调动资源	直接参与
县林业局	负责制定和实施当地林业政策，并管理监督	重视森林增长率和林业生产力指标，治理诉求高，重点关注有林业生产力的轻、中度水土流失区的治理	有林业建设专项资金；具有林学技术知识；拥有县乡村三级网络	直接参与
县水保局	负责制定和实施当地水土保持政策，并实施、监督	重视降低水土流失率，治理诉求高，重点关注强度以上水土流失区的治理	有专项水土保持资金；有水利工程技术	直接参与
林业企业与私人种植大户	林地使用者，依靠森林资源获取收益	重视林地治理后的潜在经济收益，治理诉求较高	有一定的资金，有一定的经营管理能力和地方知识经验	间接参与
教育科研机构	承担教育和科研任务	建立水土流失治理的科研基地，协助治理诉求较高	视野广，掌握较多的科学技术；具有调查与研究能力；与政府关系良好	间接参与

三　形成整体性的技术方案

长汀县将森林景观恢复寓于水土流失治理的实践之中，针对外部环境的不确定性，如不同的自然条件、土壤侵蚀程度，以及不同的社会经济条件，如距离县中心的远近、农业人口数量等，因地制宜地确定适宜的森林景观恢复技术，合理布局、分区治理，以获得最大的综合效益（参见表9-2）。水土流失治理过程因受地理、气候、水文、土壤等自然环境以及人类生产生活实践的影响，具有很强的不确定性。而且，水土流失的治理虽渊源已久，但由于不同时期森林经营者本身的技术水平、知识水平、经济条件的限制，需要一个不断改进、设计规划、验证评估、调整战略的行动过程。

从水土流失治理的多年实践中，长汀县人民总结出三种治理方式。第一，"反弹琵琶"，根据植被群落的逆向演替规律，按不同坡度的水土流失程度进行逆向综合治理。第二，"大封禁，小治理"，对水土流失区进行封山禁采禁伐，依靠森林生态系统的自我修复能力恢复植被。对侵蚀严重的中、强度水土流失剧烈区辅以人工治理，通过撒种、补植、修建水平沟、治理崩岗等生物或工程措施，为植被生态修复创造条件。第三，采取"草、牧、沼、果"循环种养，等高草灌带，草、灌、乔"复合林"，"老头松"施肥改造等治理模式。这些治理方式皆是以森林恢复为切入点。

在长汀县的森林景观恢复中，最主要的制约因素是土壤侵蚀导致土地退化和区域生态环境恶化。因此，森林景观恢复的重中之重是控制土壤侵蚀，提高土壤肥力和改善土壤理化性质。对于自然条件较好，土壤流失程度较轻，距离县行政、商业中心较远，人口密度较低，人类活动相对较少且容易控制的地区，采用以预防性的封山育林为主的自然恢复模式；对自然条件相对脆弱、土壤流失程度中等、人口密度相对中等、农业人口偏少，人类活动相对较多的地区则采用人工造林、低效林改造等加速植被恢复的模式；对于自然条件极脆弱、水土流失程度强烈以上、人口密度相对偏高、农业人口相对较多、人类活动频繁的地区，采用生物措施和工程措施相结合、以小流域为单元的综合性景观恢复模式。

表9-2　　　　　　　不同水土流失区的森林景观恢复模式

流失程度	面积及比例（公顷,%）	方位	具体位置	经济社会特征	森林景观恢复模式
轻度	15567.47 48.27	汀西、汀北中低山	童坊、馆前、铁长、庵杰、新桥、古城、四都、红山及大同镇的12个行政村	分布星散，距离县行政、商业中心较远，农业人口占长汀县人口的34.56%，人口密度为每平方公里102人	预防为主，封山育林育草
中度	10039.40 31.13	汀东南低山丘陵	南山、涂坊、宣成、羊牯	距离县行政、商业中心位置居中，农业人口占长汀县人口的17.92%，人口密度为每平方公里159人	人工造林、低效林改造，加速植被恢复
强烈、极强烈、剧烈	6642.35 21.00	汀中丘陵	汀州、策武、河田、三洲、濯田及大同镇除轻度地区外的18个行政村	集中连片，是崩岗集中区域，对生态影响恶劣，距离县行政、商业中心位置较近农业人口占长汀县人口的42.76%，人口密度为每平方公里246人	生物措施和工程措施相结合，以小流域为单元综合防治

　　从长汀县的治理历程来看，长汀县的技术选择是分阶段循序渐进、顺势而为的灵活调整过程（参见表 9-3）。长汀县的水土流失治理从 20 世纪 40 年代至新中国成立前夕，主要做了一些基础性研究工作和初步治理的探索，收效有限。新中国成立后，长汀县水土流失治理工作陆续取得一些成果，但历经大跃进、"文化大革命"十年浩劫，初步治理的成果遭受到严重破坏。1983 年开始，福建省委、省政府高度重视，长汀县被列为福建省水土流失治理试点区，封山育林、禁止砍伐、植树种草造林、重建植被等措施持续至今，奠定了技术基础，效果显著。1986 年，水利部把长汀县河田列为南方小流域治理示范区，国家林业、水保、农业、扶贫、国土、财政、发改等有关部委和省直有关部门也从政策、项目、资金等各个方面予以扶持，展开了大规模的水土流失治理。90 年代初期，长汀开展消灭荒山运动，奠定了植被恢复的基础。1992 年以后，长汀实施开发性综合治理，在水土流失区推动经济林发展。1999 年和 2001 年，时任福建省省长的习近平同志先后两次专程到长汀县视察、指导水土流失治理工作。2001 年，习近平同志作出了"再干 8 年，解决长汀县水土流失问题"（转引自福建省龙岩市政协文史和学习委员，2013）的重要批示，省委、省政府从 2000 年开始将长汀县水土流失治理工作列入为民办实事项目，每年补助 1000 万元，开展一系列的综合治理。长汀县水土流失治理迈上了科学、规范、有效的道路。

表 9-3　　　　　　　　长汀县水土流失治理的各阶段划分及策略

治理阶段	治理区域	主要的景观恢复策略	优势	劣势
第一阶段 （1949—1958）	轻度水土流失区	以模范式的群众人工造林为主，并辅以群众自发性的封山育林	造林数量迅速提高；劳动力投入大；治理面积广泛	造林成活率低且质量难以保证，林分单一，易发生病虫害
第二阶段 （1959—1982）	轻度与中度水土流失区	以燃料补贴的封山育林为主	依靠自然演替，林分多为混交复层，结构稳定、防护抗灾能力强；劳动力、资金投入少	封山影响百姓生活，毁林行为屡禁不止
第三阶段 （1983—1988）	轻度与中度水土流失区	人工造林种草，封山育林，辅以工程措施	形式多样的技术试验，奠定了技术基础	百姓参与有限

治理阶段	治理区域	主要的景观恢复策略	优势	劣势
第四阶段 （1989—1999）	中度水土流失区	人工造林、低效林改造为主，并鼓励种植经济林、果树等，农林牧经营体系	改善林分质量；提高农户水土流失治理积极性	劳动力、资金投入比较大；初期产出效果不明显，需配套政策扶持
第五阶段 （2000年至今）	强度以上水土流失区	以工程措施为主，配套治理区的基础设施、燃料补贴和沼气池修建等	短期内见治理成效，治理面积集中	对资金、劳动力、技术投入要求高；不同流域范围的治理方案不同，治理成本高，技术推广难度大

四 协调生态和人的需求

长汀县水土流失治理不仅仅是技术上的问题，还需要考虑当地百姓的生计需求，减少农户面对风险的脆弱性和对森林资源的依赖，逐步引导当地村民从高度依赖森林的生计需求模式转向非林的生计需求模式。高度依赖森林的生计需求模式希望从森林中得到一系列有直接经济价值的产品和服务，如薪柴、木材，而对于森林景观生态服务，如缓解气候变化、调节水文循环、流域保护等重视程度并不高。相比之下，非林的生计需求模式，农民生计主要来源于非农就业和农业，其期望和林产品的经济价值没有直接联系，而在于生态系统的保护以及生态服务、生物多样性保护、美学等方面。因此，引导转变当地百姓的生计需求模式、统筹经济与生态效益，是决定长汀水土流失区森林景观恢复能否成功的关键之一。长汀在此方向上的努力主要体现在能源需求结构的调整与产业结构的调整两个方面。

一是建立了以调整能源需求结构为目的、疏导结合的生态补偿机制。考虑到当地居民因燃料、肥料、木料、饲料的匮乏而上山毁林砍柴、偷伐盗伐是导致水土流失的直接因素，长汀全面推广燃煤使用、沼气池建设，杜绝群众烧柴草，从解决群众生产生活使用燃料的后顾之忧入手，对封禁区群众给予燃煤价差补贴、沼气池建设补助、用电补助。通过补贴政策的激励与引导，改变了农民生产生活中的能源结构，靠铲草皮烧灰做肥料、靠滥砍滥伐树木做燃料和木料等现象大为减少，而普遍改用煤炭、煤气、沼气、电力等做燃料，土地得以休养生息，森林景观得以恢复，水土流失得以控制。

为满足群众的能源需求，随着社会发展，疏导用燃渠道以替代薪柴的方式也在不断变化，依据当时的能源需求、供给价格、能源供给技术条件不断调整。以煤补和电补之间的方式转换为例，2012 年以前，主要的生态补偿采取煤炭补助的方式。1986—1987 年，长汀开始推广烧煤，对停止使用薪柴灶的农户每天补贴 5 个煤球，每个煤球补贴 4 分钱，持续 3 年补贴农民的燃料费用，群众上山砍柴现象有所改善。虽然 1986 年长汀县借助汀南电网实现通电，但每度电 2 元的电费与当时每个劳动力平均每天 3 元的工资相比，超过了大多数人的支付能力。因此在当时，电力作为能源并未普及，群众普遍仍然以烧煤为主。2000 年左右用电开始普及，电费下降至每度 0.56 元，400 度以内每度电国家补贴 0.2 元，400 度以上部分补贴。2005 年之后，每度电 0.59 元，用电补助每度 0.2 元。尽管村里还是有烧芦棘草的习惯，但上山砍柴以作为生活燃料的现象已基本不复存在，群众以用电、用煤为主，基本完成能源需求结构的升级转换。

二是进行产业结构的调整。一方面，发展纺织服装、稀土深加工、机械电子等产业，提供非农就业机会，转移水土流失区剩余劳动力，以减轻生态承载压力和水土流失治理压力。基于长汀县人口多土地少、农村剩余劳动力过多的实际情况，利用沿海劳动密集型产业向内地转移的契机，长汀大力发展以纺织业为主的劳动密集型产业，从非农渠道增加农民收入，减少农民因耕种生产及其他因素对森林景观的破坏而引发水土流失。据统计，2000 年以来，通过发展纺织、稀土、机械电子、旅游等生态产业，已转移出农村剩余劳动力 9.61 万人，有效解决了水土流失区的就业问题。

另一方面，发展烤烟芋头、果业、养殖业、农副产品加工业等农林业及生态旅游，以景观恢复的方式使百姓脱离贫困、提高收入水平，摆脱当地贫困人群对自然资源的高度依赖。（1）大力发展"草—牧—沼—果"循环种养生态农业、高效农业，既促进水土流失治理，又有效拓宽了农民的增收渠道。（2）把治理水土流失与发展特色产业结合起来，大力推广种植经济林果，发展林下经济，使广大群众从治理水土流失中增加收入、得到实惠，实现了生态效益、经济效益和社会效益的多赢。（3）大力发展养殖业、槟榔芋种植等农业种植，河田鸡获国家地理标志证明商标和地理标志产品保护，涂坊槟榔芋获国家农副产品地理标志登记。（4）打造"一村一品"专业村 36 个。例如，策武乡积极发展农家乐和乡村旅游业，发展体验农业，种植银杏、油奈、黑李等果树，有力推进了水土流失区域的经济发展，提高了南坑村农业品牌效应。

长汀水土流失治理在恢复生态环境功能的同时，重视当地人民的生计需求，解决了地区脱贫与持续发展的现实问题。在这一过程中，既改善了环境，扭转了生态系统退化，提高了系统整体功能，又使生态经济持续发展，同步解决了环境治理与区域社会经济发展存在的问题。长汀在恢复和重建植被过程中若不考虑与地方产业和经济开发相结合，森林景观恢复可能难以真正实现，尤其是在生态系统退化严重的水土流失贫困地区。长汀经验表明，只考虑生态上的恢复，不考虑百姓生计需求与当地的经济发展，这样的治理很难为群众所接受，而没有经济效益和群众参与的水土流失治理目标将难以实现。

第五节　森林景观恢复视角下的长汀经验展望

毋庸置疑，长汀县的水土流失治理取得了令人瞩目的成效。然而，从森林景观恢复这个视角，长汀县的治理经验中仍然存在进一步完善的空间。

一　技术选择需扩大社区参与

长汀县水土流失治理的技术研发与创新在方向上多是以政府为主导，缺乏市场化的手段和地方百姓的介入。纵观技术的选择与演进历程，无论是植树造林、低效林改造、草灌木混交、经济林果等直接生物措施的树种选择、种植管护技术，还是坡改梯、小流域治理等工程治理措施，政府在其中扮演着技术选择的宏观主导者，政府对技术创新行为的主导体现在运用资金进行供给与调节以及通过与科研院所合作进行引导。在此过程中，政府赋予了技术人员和项目执行机构相应的权力，形成以技术推广和技术人员为主的技术决策，而不是在技术人员的协助下，根据当地农民的自身条件和能力进行技术选择。

具体来说，技术研发与创新的资金主要来源于中央、福建省政府，省农业厅、林业厅、水利厅、水保办，龙岩市和长汀县政府等的支援、筹备。技术研发的智力来源主要依靠政府与院校、科研机构之间的合作，如邀请福建农林大学、省水土保持试验站、省林业科学院、福建师范大学等科研教学单位到项目区进行科技攻关，聘请福建农林大学等编制《长汀县水土流失综合治理规划》，建立博士后工作站和院士工作站，建立水土保持科教园、水保示范区以推广新技术。在技术的选择与推广过程中，农户与企业的参与不足，依靠科研工作者与科研院所专家学者依据理论和经验作出选择判断为主，与农户、企业的需求在一定程度上存在不相接轨的情况。如以种植经济林果来治理水土流失，品种选择多次变动，而板栗、油桃、油茶等受市场价格波动影响很大，对长汀县技术需求的多元化对技术的选择与创新从市场、社会、经济、技术方面考量不足。

二　治理进度需循序渐进

长汀水土治理任务十分艰巨。例如，对于水保局的管理考核指标，2012 年，福建省、龙岩市要求 48 万亩的剩余水土流失面积在 5 年内完成治理。然而，这 48 万亩的水土流失地包括了许多水土流失的斑块，要靠植树种草等植物措施来实现，在短时间内难以完成。

此外，这 48 万亩还包括很多治理难度大的地区，一是果园的水土流失，因果园每年都需要耕作经营，因此，每年都会产生水土流失，跑水、跑肥、跑土现象严重，是水土流失的突出问题，也是难题；二是西气东输项目、赣龙铁路项目、高速路项目导致的道路开挖，这些项目对水土流失治理的影响是动态的，每年都会新增，随着社会经济的发展应运而生，治理难度越来越大；三是矿山、稀土、采石场、集装场的开挖和开发区的建设，这些都会产生大量的水土流失，治理难度和成本增大。因此，要求在 5 年内全部消灭长汀县 48 万亩水土流失区的考核指标并不科学，亦不符合水土流失治理工作的规律。

再者，水土流失是一个动态现象，水土流失面积虽能减少但一定会存在，而且会随着社会、经济发展而波动。合理可行的规划应该是制定动态的目标，并保留一定的指标底线，关键要确保加强水土保持的预防与监控，维护水土资源的可持续利用，维持森林生态系统的持续发展。

三　乡土知识需重视

乡土知识是一种社群内自身孕育的本土智慧，这种知识来源于当地，是当地人使用的、用于在特定环境中谋生的知识体系。长汀县人民世世代代受水土流失之苦，祖祖辈辈与水土流失进行着漫长的较量，在长期的复杂社会环境中，通过不断总结、积累传承下来很多水土流失治理的乡土知识。这些乡土知识包括与水土流失相适应的生产生活技能、关于如何应对水土流失的知识和经验，以及与当地自然环境相适宜的生存发展策略。这些乡土知识是一种历经时代锤炼而沉淀下来的隐性的宝贵资源，具有很强的地方适应性，易于为当地人掌握，符合当地人的需求。例如"山光、水浊、田瘦、人穷"这一长汀县人民总结的谚语就指出了水土流失治理中生态环境与经济贫困之间的关联性，人与自然的和谐必然是山清水秀与脱贫致富的和谐统一。在调研中，有三洲乡村民谈起自家生计，"房前屋后种植了各种花草树木，还放养着不少家禽，良好的环境有利于家禽健康成长，而家禽的粪便不仅提升了土地的肥力，促进了花草树木茁壮成长，还能发酵成沼气用来烧水做饭，小小院落形成了一个循环利用的生态系统，对当地的水土流失治理也是有好处的"。可见，群众所总结的"草—牧—沼—果"模式在红壤丘陵水土流失侵蚀山地的运用是重建侵蚀山地的生态环境、发展水土流失区经济、协调社会发展的有效途径。而且，往往群众在采纳新技术之前会对投入成本、机会成本、社会成本和交易成本等进行心理预估，倾向于在乡土知识的基础上进行自主创新，从而使其更符合生产的实际情况，将水土流失治理的风险降至最小，成本降至最低。水土流失的治理体系应该尊重和利用民间的乡土智慧，重视民间的乡土知识，使群众成为水土流失治理的动力来源之一。

第十章 森林转型视角下的
长汀县生态建设

20 世纪 90 年代发展起来的森林转型理论（Forest Transition Theory）致力于探讨宏观社会经济的发展如何影响森林恢复的过程。从森林覆盖率的角度，长汀县在 20 世纪 80 年代实现了森林转型，森林覆盖率经历了由减少到逐渐增加的转变。自 20 世纪 80 年代以来，长汀县生态建设过程一直与当地经济增长、经济结构调整、家庭能源转变、水土流失治理政策、劳动力非农转移等社会经济变迁相联系。理解长汀生态建设的历程，必须将其纳入宏观社会、经济、政治环境中进行考察，理清生态建设与经济、政治、社会发展的内在关联。本章试图应用森林转型的概念与理论，对长汀县的生态建设与植被恢复过程进行政策与社会经济视角的解读，即探索政策因素与社会经济因素对长汀县森林恢复的作用。

第一节 森林转型路径

将长汀森林恢复、水土流失治理的历程置于全国、全球的视角，有助于明晰长汀甚至中国生态建设在全球的意义和价值。考虑到生态恢复涉及较多的学科、理论和方法，我们主要以国际上较为被接受的、经济社会方面的森林转型理论作为此部分文献的讨论基础。需要注意的是，森林植被恢复并不等同于水土流失得到治理，后者有更为严格的标准和质量要求。然而，水土流失与森林在经济社会转型中的变化历程和驱动力较为相似。森林转型理论可以成为探讨水土流失治理和路径的一个出发点和基础，并可根据此框架进行调整、改进。

森林转型的概念最早是由芬兰地理学家、史学家 A. S. Mather 在 1992 年提出的。森林转型，即一国或地区森林面积由减少到增加的趋势变化过程。Mather（1992）在对欧美一些发达国家森林面积变化历史趋势进行总结的基础上，提出森林转型的概念，初步探讨了森林转型实现的原因及其在发展中国家实现的愿景。此后，森林转型的理论和方法逐渐普及开来，被学者们广泛运用于解释或分析一国或地区森林植被恢复进程。在短短20余年的时间内，森林转型的研究可划分为两个阶段。第一个阶段着重于森林环境库兹涅兹曲线（简称库氏曲线）的研究，即森林转型与经济增长之间的关系。第二个阶段着力于森林转型路径的探索。森林不仅具有环境属性，还具有发展属性，这决定了环境库兹涅兹曲线理论不能完整地解释森林转型的发生。之后的研究（2000年至今）从更宽广的视角分析了森林转型背后的驱动因素，并发展形成了森林转型路径理论。

　　在森林转型研究的初期阶段，大量文献对森林面积变化与经济增长之间的库氏曲线关系进行了探讨，但并没有达成一致的意见。有研究表明，倒"U"型的森林库氏曲线在拉丁美洲和非洲存在，但在亚洲并不存在（Bhattarai and Hamming, 2001; Cropper andGriffiths, 1994; Culas, 2012）。也有研究认为，在亚洲与拉丁美洲存在倒"U"型森林库氏曲线，而在非洲不存在（Barbier and Burgess, 2001）。Koop and Tole（1999）对76个发展中国家所作的实证分析表明倒"U"型森林库氏曲线并不存在。Mather et al.（1999）和 Bhattarai and Hamming（2001）等还进一步探讨了森林面积减少速率与人均 GDP 三次项之间的联系，即验证森林面积变化与经济增长之间是否存在 U 型曲线变化关系。总之，森林库氏曲线并非经验准则，即使对同一地点的研究，结论也受到研究时期和研究方法的影响。一方面，森林面积的变化是政治、社会、经济、文化等因素综合作用的结果，经济增长可能是其中最重要的因素之一，但不是唯一因素。另一方面，森林不仅具有环境属性，还具有发展的属性。森林除了可以提供环境服务之外，还在生计、产业发展、换汇以支撑国家经济发展战略等方面发挥重要作用，而森林库氏曲线的分析仅考虑到森林的环境属性。

　　在不同的国家或地区以及不同的时期，影响森林面积变化的因素往往是不同的。相同的因素在不同的国家或地区以及不同的历史时期也会产生不同的作用。在森林库氏曲线无法对森林转型作出科学解释的情况下，研究者开始试图从更宽广的视角分析森林转型背后的驱动因素，剖析各因素对森林转型的作用机制，并发展形成了森林转型路径（Forest Transition Pathway）理论。其中，Rudel et al.（2005）以及 Lambin and Meyfroidt

（2010）的研究对该理论的形成作出了最为突出的贡献。

（一）森林稀缺路径（Forest Scarcity Pathway）

在一些国家，林产品或由森林提供的生态服务的稀缺会促使政府或土地管理者实施有效的造林计划，也就是说，森林面积减少所产生的负面影响会诱致林业部门的政策与经济变化，促进森林的恢复（Rudel et al, 2005）。例如，在 19 世纪的欧洲，尤其是阿尔卑斯山区，重要流域的森林破坏所导致的洪灾频发，是促使该地区森林恢复的关键因素（Mather and Fairbairn, 2000）。在印度，随着森林面积的减少，稀缺推动了林产品价格的提高，价格上升促进了对林业的投资，从而推动森林面积的增长（Foster and Rosenzweig, 2003）。中国政府为改善生态环境所实施的一系列造林及生态恢复项目是中国森林面积增长的重要动力（Mather, 2007；Xu et al., 2007）。

（二）国家森林政策路径（State Forest Policy Pathway）

在一些国家，国家森林政策的调整在实现本国森林转型的过程中发挥了重要作用。除了上述森林稀缺路径中由森林稀缺促进的森林恢复政策的实施，国家森林政策路径还包括林业部门之外的一些因素促进的国家土地利用政策的调整，政策的调整促进了该国森林恢复及森林资源的保护。这些因素包括促进本国经济与土地利用方式现代化的考量；团结边远地区社会团体的努力，如团结生活在森林中的少数民族；通过绿化国家形象促进旅游与吸引外资；通过在边远地区建立自然保护区或管理国家森林等方式来宣示对地方的控制和主权等等（Lambin and Meyfroidt, 2010）。例如，不丹的森林转型发生在高森林覆盖率时期，其森林覆盖率由 1990 年的 60% 上升到 2005 年的 68%（FAO, 2006）。不丹追求以生态为中心而非经济发展为中心的发展模式，环境保护以及环境的持久利用是不丹国家发展追求的关键目标之一（Lambin and Meyfroidt, 2010）。不丹森林政策（1991）以及森林与自然保护法案（1995）以法律形式确立了不丹可持续森林管理、生物多样性保护与社会林业的原则（Uddin et al., 2007）。不丹人与自然相和谐的文化体现在政策执行之中，促进了不丹森林可持续管理，实现了森林面积的增长。

（三）经济发展路径（Economic Development Pathway）

经济增长可以创造非农就业机会，使劳动力从第一产业转移到第二、第三产业，从乡村转移到城市。依赖于土地的劳动力减少了，也就减轻了对森林资源的压力，促进了森林的恢复（Rudel et al. , 2005）。工业制造业部门的投资增长提高了城市工资，造成了农村劳动力的减少。经济发展路径的逻辑是因林区劳动力的稀缺而不是林产品或森林服务的稀缺促进了森林恢复（Lambin and Meyfroidt, 2010）。此外，由经济发展所引发的技术进步可能会对森林转型产生积极的影响。如推广和运用提高生产率的农业技术可以以较少的土地投入获得较高的农业产出，减少了对耕地需求的压力，有利于生产率不高的边际农地退出生产，为森林恢复提供条件（Mather, 2007）。由传统能源（薪材）向现代能源技术的转换（电力、液化气等）可对森林转型带来积极的影响（DeFries and Pandey, 2010）。Nagendra（2007）则探讨了有助于减轻对森林资源压力的新技术的应用给尼泊尔森林面积变化所带来的积极影响。

（四）全球化路径（Globalization Pathway）

与历史上实现森林转型的欧洲及北美国家相比，当今发展中国家的森林资源管理与变迁受到全球化的深刻影响。全球日益整合的物品、劳动力与资本市场是当今各国面临的最重要的国际经济环境。全球化影响森林转型的研究主要集中在农林产品贸易（Meyfroidt et al. , 2010）、侨汇（Hetch et al. , 2006）、国外移民（Klooster, 2003）、第一产业 FDI（Jorgensen, 2008；Zoomers, 2010）、新自由主义经济改革以及环保理念的全球扩散（Kull et al. , 2007）等方面。在全球化的影响下，人口流动的目的地从附近的城市扩大到了经济发达的国外。追求高收入的劳动力可以从国外汇款到其落后的家乡农村，减少了对当地土地及资源的压力。全球旅游业的发展有助于生态保护理念的传播（Meyfroidt et al. , 2010）。

（五）小农户土地利用集约化路径（Small-holder, Tree-based Land Use Intensification Pathway）

在小农主导的边际地区，森林覆盖率的增长可能与果园、小片林地、农用林业系统、花园、灌木篱墙、抛荒地的次生林等的扩张相联系（Hetch et al. , 2006）。这种农林交错的土地利用方式已有数千年的历史，常在森林边缘形成，连接了原始林与人工林生态系统，保持了生态系统的多功能性（Michon et al. , 2007）。农户的动机可能是减少因经济与生态冲击而带来的脆弱性，通过这种生态与经济的多样性来维持生计。这种土地利用集约方式需要高水平的劳动力投入与传统的环境管理知识，其在保护乡土树种、维护生物多样性等方面具有重要价值，但其所形成的生态系统的价值在森林资源统计中容易被忽略（Meyfroidt et al.，2010）。

（六）土地质量调整路径（Land Quality Adjustment Pathway）

基于欧洲国家森林转型的经验，从长时期土地利用调整的角度，Mather and Needle（1998）提出了土地质量调整路径作为森林转型的又一理论解释。农民具备学习的能力，通过学习，他们会寻求更为合适的土地质量和农业生产布局之间的协调。在这个过程中，农民逐渐将农业生产集中于质量较好的地块。即使在没有技术进步的条件下，也可以利用更少的土地面积，生产出同等甚至更多的农产品。因而，贫瘠的土地退出农业生产，被用作恢复次生林或者人工造林。

一种较为普遍的认识是，森林稀缺、国家森林政策、经济发展、全球化和小农户土地利用集约化等路径在中国森林转型中发挥了重要的作用。显然，森林恢复或者水土流失治理，与禀赋水平、政府、经济发展、全球化和土地利用模式等有内在的关联。森林转型的框架适用于对长汀水土流失治理的分析。然而，对上述因素在中国的具体作用机制、关联效应等方面的研究尚不多见。而中国被国际上公认为过去20多年森林增长和水土流失治理最为显著的发展中国家之一，中国森林恢复和水土流失治理的经验将有助于解决森林减少和退化、水土流失等全球性环境问题。

第二节　中国森林转型研究简要

中国、印度、越南在1980年代后逐渐实现了森林转型。中国森林转型的研究较晚，实证研究的文献不是特别多。目前研究的重点及争议主要集中在中国森林资源变化的过程中是否存在森林转型的库兹涅茨U型曲线，以及除了反映经济增长的GDP这一基本指标之外，还有什么变量对森林资源的变化产生了影响。

Zhang et al.（2006）利用中国1990—2001年的统计数据，分别从国家、地区与省份三个研究单元对经济增长与森林面积的变化关系进行研究，认为，经济增长是影响中国森林面积变化最重要的因素，中国整体处于倒"U"型森林库氏曲线的后期。但Zhang et al.（2006）的研究只考虑了人均GDP一次项与经济增长之间的线性经验关系，没有考虑人均GDP二次项的影响。Wang et al.（2007）在Zhang et al.（2006）研究基础上进行了进一步的拓展，引入了人均GDP的二次项，分析发现森林增长率与人均 GDP 之间存在非线性的关系，但并不支持存在倒"U"型森林库氏曲线。刘璨、吕金芝（2010）则构建面板数据集，在控制中国林业制度影响基础上证明中国存在森林库氏曲线。此外，许亮亮（2012）尝试验证森林蓄积量与经济增长之间的关系，得出中国不存在森林库氏曲线的结论。经济发展中贫困人口的大量减少对减少森林破坏、恢复森林也发挥了重要作用（王珂，2013）。

中国森林增长得益于政府为了应对经济增长过程中的森林资源稀缺和生态环境恶化问题的投资（Albers et. al, 1998；Rudal et. al, 2005；Maher, 2007）。政府实施的林业六大工程，如退耕还林工程、天然林保护工程等对我国森林保护起到了极其重要的作用（Xu et al., 2006；Liu et al., 2008）。中国自 1980 年代进行的国有森工企业改革和集体林权改革，也促进了中国森林的增长（Zhang, 2000；刘璨、吕金芝，2007）。政策执行在不同地区的影响是不同的，由此产生了不同的效果。林地分权改革和林业市场化改革在不同地区的效果取决于地方制度条件，但林地改革确实促进了中国林地面积的扩张，而市场化改革的影响并不明显（Yin and Newman, 1997）。地理变量如降水量、山区和丘陵地区在管辖区内比例对森林增长有积极的影响（Wang et al., 2007）。然而，很少有研究综合地考虑经济发展和政策因素对中国森林资源变化的影响。

第三节　政策综合分析

政策在推动长汀植被恢复、水土流失治理等生态建设中发挥了十分重要的作用。我们借鉴国际上相对成熟的、基于可持续发展而构建的分析框架，分析政策因素在长汀县生态建设中的作用。

可持续发展强调环境目标在非环境部门的整合。要实现环境政策的目标，仅仅依靠环境部门是不够的。经济社会发展政策需要整合对环境的考量，这称为环境政策综合（Environmental Policy Integration）、环境整合（Environmental Integration）或部门间整合（Sectoral Integration）。这里所说的环境是相对于经济和社会发展而言的，不限于污染控制，而是拓展到包括土地、水、森林等自然资源管理在内。早在 1980 年，国际自然保护联盟（IUCN）就开始关注环境保护政策的跨部门整合。而在《我们共同的未来》发表和 1992 年联合国环境与发展会议以后，在国际环境政策制定、环境和发展主导话语上，环境政策综合才真正作为指导原则（Lafferty and Hovden，2003）。

　　环境政策综合一般需要满足全面（comprehensiveness）、整合（aggregation）与一致（consistency）这三个标准（Underdal，1980）。在政策综合研究文献中，环境政策综合的概念、内涵存在广泛的争论，亦不够精确，总体上过于关注实施策略与指标设定。Lafferty and Hovden（2003）提出环境政策综合应满足：（1）环境目标嵌入到非环境部门政策制定的全过程，各部门都把环境目标作为政策规划与执行的指导原则；（2）将假定的环境影响整合到政策总体评估中，致力于减少环境与部门间政策的矛盾，并给予前者原则上的优先权。

　　Lafferty and Hovden（2003）进一步沿着这两个维度分解环境政策综合，即横向维度（horizontal dimension）与纵向维度（vertical dimension）。纵向维度的环境政策综合关注一个特定的政府部门参与的程度，以及其将环境目标作为其所持续追求的目标之一的程度。衡量纵向维度的环境政策综合的一些基准性指标包括：（1）最初对与本部门相关的重要环境问题的评估与说明；（2）部门环境行动计划；（3）对所有部门定期的环境影响评估与战略环境评价；（4）清晰的时间表以及定量的、基于指标的目标；（5）部门内定期汇报环境相关政策的状况等。其中，战略行动计划具有重要的地位。需要注意的是，这里的"纵向"是功能意义上的，而不是指纵向的权力分布。

　　横向维度的环境政策综合关注一个中央权威（central authority）构建综合的跨部门战略的程度。这种跨部门综合战略要求有实质性的合作。这个中央权威可以是政府本身，也可以是被授权的委员会，还可以是部门间的组织。横向维度的环境政策综合需要各个部门在中央权威的协调下，处理好环境目标与自身既有政策目标之间的权衡关系。而衡量指标主要包括：（1）长期可持续发展战略的存在；（2）对政策整合过程进行监督、协调与实施的中央权威的存在；（3）相对于部门职责的相对清晰的任务指派；（4）环境政策的时间表与目标；（5）在中央与部门水平上的定期的目标进展报告等。

　　国家层面上，在国家可持续发展战略中，横向维度的环境政策综合十分重要（Lafferty and Hovden，2003），否则就难以体现国家以政治承诺的方式确立环境政策综合在国家政策决策中的重要位置。横向维度的环境政策综合还能为各种利益冲突相权衡提供平台。与其他综合社会经济发展部门相比，环境部门本身一般没有权力将环境目标加入到其他部门的决策前提中去，必须建立一个具有中央权威的负责任的机构来监督与管理战略整合的过程。

通过纵向与横向两个维度的分解，可以更有效地理解与研究环境政策综合的概念。在 Lafferty and Hovden（2003）所提出的分析框架基础上，我们提出针对植被恢复的政策综合的一个分析框架（参见图 10 - 1）。

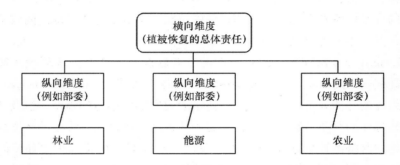

图 10 - 1　横向与纵向维度的植被恢复政策综合分析框架
资料来源：在 Lafferty and Hovden（2003：14）基础上修改。

一般来说，横向维度的植被恢复政策综合较少牵涉到部门间利益冲突，相对比较容易实现。而纵向维度的植被恢复政策综合成功案例少有学术文献记载（Lafferty and Meadowcroft，2000）。能否实现政策综合，关键在于建立一个政治交流平台，形成参与式的政策决策过程，公开讨论各部门、各层次部门间相互冲突的主张和利益，在不违背各相关机构基本原则的情况下寻求妥协，将环境目标融合到各部门社会经济发展目标中去。

第四节　政策与长汀森林转型

采用上一节建立的植被恢复政策综合的框架，我们分析了 20 世纪 80 年代以来长汀县水土保持与植被恢复政策体系，试图证明长汀的植被恢复政策符合环境政策综合是长汀相关政策取得成功的重要原因。

一　长汀促进森林恢复的政策梳理

为了更好地推进水土流失治理工作，长汀成立了专门机构——水土保持事业局。该局为全省水土保持领域唯一的县级正科事业单位，负责统筹长汀水土保持科学研究、试验示范、技术推广、水土保持生态环境监测及水土保持工程与生物措施的规划与实施等工作。其前身为长汀县水土保持委员会办公室，成立于1962年，曾于"文化大革命"期间撤销，1982年恢复，1991年更名为长汀县水保局，1996年更名为长汀县水土保持事业局。设立了由1名副县长具体负责的长汀县水土保持委员会。水保局在各乡镇设有水保站，村一级设有专职水保护林员。20世纪80年代初，水保系统县、镇、村三级共有水保工作人员150名，为治理水土提供了组织保证。

自1980年起，水土保持部门（1982年前水土保持具体职能由林业局负责）每3—5年就会出台详细的阶段性工作规划方案。如《1980年长汀县河田水土保持实验工作计划方案》就对主要研究内容、技术关键、试验地点、规模和技术安排、经费概算、主要设备和仪器等进行了详细的说明。例如对主要工程措施之一的筑谷场群的技术要求作出规定："流失重的山头，每亩筑50—60个，每个栏蓄量0.7立方左右。草本植物、灌木、乔木一齐上，每亩要求乔木1000株，灌木6000丛，林草混交4000丛以上，成活率应达到85%为标准。"

在每一个治理阶段结束后，水保部门还会有阶段性详细的工作情况总结。如《长汀县水土保持1981—1984年工作情况及1985年工作意见》回顾了4年的水土流失治理情况，对水土流失治理措施与面积、封山育林状况、试验示范及技术骨干培训情况等作了说明。《意见》还从工作中总结出一些宝贵经验：统一规划、集中资金、重点示范治理与面上推广治理相结合；预防、治理与管护相结合；以封山育林等植物措施为主，工程措施为辅；因地制宜、草灌先行；落实承包治理责任制等，这为以后的工作开展指明了方向。

迅速恢复山地植被是水土流失治理的关键。而在长汀严重水土流失区，土壤有机质低，不适宜乔木生长，直接造林成本高、成活率低。鉴于此，一方面，长汀县政府动员垃圾肥料上山，如1983年下达《关于义务运送垃圾肥料支援河田绿化荒山的通知》，动员县直有货车（包括大型拖拉机）的单位义务运送垃圾肥料到河田水东坊试验山，以改善土壤有机质条件，5年内共运送垃圾肥21063.28吨。另一方面，长汀县探索出草灌先行、草灌乔科学结合的方式，通过科学试验，确定适合长汀县水土流失区生长的黑荆、刺槐、合欢、胡枝子等灌木，马塘、金色狗尾草等牧草，先种草灌、后植乔木的方式收到了良好的治理效果。

与植草造林相结合的一个重要植被恢复政策是封山育林。长汀县地处亚热带，雨量充沛，植被易于生长。但由于人口密集，长期的乱砍滥伐林木、灌草做燃料，破坏了山地植被，造成严重的水土流失，封山育林工作由此显得格外重要。封山育林由林业与水保部门共同负责。80年代初，长汀县组织整顿了护林队伍，修订了乡规民约，不准砍树、打枝、割草、挖树兜、铲草皮，对河田40万亩水土流失区山地进行了全面封禁；划分了60个责任区，由各村推选60个护林水保员进行承包管护，建立封山育林育草责任制。据《长汀县林业局1982年工作总结》记载，"一年来，长汀县有238个大队订立了乡规民约，清理乱砍滥伐木材5780立方米……没收处理木材2027立方米，罚款26280.4元，罚杀猪56头，罚电影129场，补交造林费约11万元……查处各种乱砍滥伐案件56起，涉及235人，其中拘留40人，逮捕25人"。

为使封山育林工作顺利开展，长汀县政府出台政策，督促改烧材为烧煤，从根本上缓解植被破坏的压力。如县政府1982年下发《关于改烧柴为烧煤压缩薪材消耗的通知》，要求长汀县所有砖厂、工厂企业、机关、学校、部队等所有烧柴锅炉（炉灶）都要限期改为烧煤，以压缩薪材消耗。针对水土流失地区群众的燃料消费，省政府从1984年起每年下拨8000吨煤炭指标、30万元煤炭补贴。至1992年，煤炭补贴增加到80万元，以减轻对森林资源的依赖，同时进行了水土流失地区烧煤改灶的宣传、检查、落实。1984年，应改烧煤7519户，已改灶6761户，真正烧煤的6058户，对应改未改的进行了现金处罚。在河田关闭了竹木交易市场，封闭了土陶窑4个，限制了60个砖瓦窑的生产量。县水保办在1987年《五年来治理河田水土流失的回顾及今后工作意见的汇报》中写道："1983年以前，河田每年要消耗柴草0.5318亿公斤，通过推广改灶烧煤、改灶节柴、办沼气、改造砖瓦窑等措施，现在每年只消耗柴草0.1304亿公斤，节省薪材0.4014亿公斤，山地植被的损失比1983年以前减少四分之三。"

此外，80 年代，长汀县还建立了各种形式的治理管护责任制，以引导社会资本投资植被恢复事业。其具体形式如：（1）农户向镇（村）承包治理荒山、荒沟，种苗、肥料经费均由承包者自行承担，谁治理，谁受益，镇（村）给予积极支持；（2）联户承包治理荒山，国家支持种苗，补贴少量工具费和肥料，收益按比例分成，承包者得九成，镇（村）得一成；（3）统一规划、集体治理、专业管理，国家补助种苗、整地费和少量肥料，收益治理者与自留山主按八二分成；（4）统一规划、统一治理，国家补助种苗、整地费和少量肥料，个人承包管理；（5）统一规划，社会主体承包治理抚育。国家补助种苗、少量肥料和整地费，自留山主负责管护，收益按比例分成，承包者得大头，自留山主得小头，等等。

这些鼓励政策很好地调动了群众造林绿化的积极性。到 1987 年，全县分户承包治理管护达到了 6.2407 万亩，地方政府在种苗、肥料方面给予适当支持，收益归农户所有。联户承包治理管护面积 2.1793 万亩，地方政府在种苗、肥料方面给予支持，收益按农户投工分成。统一管理、分户管护面积 1.207 万亩，地方政府提供种苗、肥料，群众投工，收益归农户。政府相关部门为了适当收回成本，用于扩大治理面积，在种苗、肥料方面给予支持，与乡村集体和国有试验场签订收益比例分成，其中集体承包治理管护面积 3265 亩，国营试验场 3070 亩。1994 年起，长汀县开始试点荒山拍卖政策，即将荒山 50 年的使用权拍卖给农民，进一步给予农户充分的林权保障。县水保局根据一些农户的实践总结出一套"草—木—沼—果"的循环模式与荒山治理相配合，并予以扶持推广。种草既可以稳固土壤，又可以割来喂养牲畜，牲畜粪便可以产生沼气做燃料，然后再做果树肥料。这个模式节省了肥料投入，有利于改善水土。

二　环境政策综合视角下的政策分析

从以上的分析可以看出，在具体的各领域单项政策上，不仅有县、乡、村三级的组织保障，还有明确具体的政策规划与实施方案，定期的工作总结与效果评估。在长汀的案例中我们发现，在植被恢复的工程措施、生物措施、能源补贴、治理模式创新等领域都有基于本领域关键问题的评估和认识的行动规划，并明确了标准指标、目标群体、特定政策工具与监督程序，这些都体现了植被恢复政策纵向综合的过程。

与传统上各个部门承担其各自职能不同，专门成立的水保局承担了政府赋予的多项职能，除了传统意义上林业部门的植草种树之外，还有水电部门的能源补贴、民政部门的烧煤改灶、国土部门的土地整治等，其本身的成立就体现了植被恢复政策的横向综合，即在一个统一的战略目标下整合各部门政策。

首先，长汀县水土流失治理与森林恢复有国家长期的发展战略作保障。党的十一届三中全会后，党中央对水土保持工作发出了新的指示，要从"单纯抓农田水利建设到同时大力抓水土保持，改善大地植被"。国家先后颁布《森林法》、《环境保护法》、《水土保持工作条例》，明确规定："防治水土流失，……是建立良好生态环境，发展农业生产的一项根本措施，是国土整治的一项重要内容。"这就使得水土流失治理作为一项重要政策得到国家的长期支持。

其次，具有对森林恢复政策整合过程进行监督、协调与实施的权威。对长汀来说，这包括以省级政府为中心的省、市、县三级政府。1983 年 5 月，在时任省委书记项南同志的推动下，长汀县被列为全省水土流失治理的试点，并由省政府发文，由省农委牵头，组织省、市、县"八大家"承包治理长汀县河田水土流失，省政府在各部门政策协调中发挥了重要的作用。2000 年，龙岩市委、市政府又作为监督、协调与实施的权威，组织 18 家市直部门挂钩长汀县水土流失治理工作。在县级层面，县委县政府把水土保持工作列入了国民经济和社会发展计划，层层建立机构，各级领导亲自负责，确保了各项社会、经济、技术政策在统一的目标下进行统筹。各层级权威的存在使得植被恢复政策具有了明确的合法性。

第三，各部门在水土流失治理与植被恢复中有清晰的任务指派。如 1983 年"八大家"水土流失治理伊始，即分别挂钩承包治理河田 1—2 个村的水土流失，并有明确的治理进度安排。

第四，水土流失治理与植被恢复政策有清晰的时间表与目标。例如，1983 年《治理河田水土流失座谈会议纪要》即明确："计划到 1986 年，三年内抓好山地植被的恢复和建设，完成强度流失面积 14 万亩的治理任务，到 1990 年植被覆盖率达到 50% 左右，基本控制水土流失，到本世纪（20 世纪）末山地植被覆盖率达到 80% 左右，全面控制水土流失。"如前面所分析的，在具体细化的政策措施上又会有具体的目标与时间安排。

第五，如前所述，自 1980 年起，每 3—5 年为一个治理周期，水保部门会出台详细的阶段性工作规划方案，在每一个治理阶段结束后，水保部门还会有阶段性详细的工作情况总结，比较重要的阶段性总结会报送省市相关部门知悉。

因此，长汀县森林恢复政策是一个系统的体系，涵盖了生态、经济、社会、技术等各个领域。当一些纵向水平上的植被恢复政策综合方案实施时，横向维度的政策综合从根本上为其的有效实施提供了政治、合法性与预算支持。因此，在作为政策权威的省委省政府的监督、协调与支持下，在一个明确可持续的战略指导下，省、市、县三级党委和政府整合利用各部门资源优势，县水保局和林业局统筹植草种树、封山育林、能源补贴、荒山拍卖与流转等具体政策措施所形成的植被恢复政策综合，是长汀县植被恢复政策成功的关键。

第五节　社会经济发展对长汀森林转型影响研究

80 年代以来，长汀县各项社会经济事业迅速发展，对长汀的生态建设与植被恢复进程产生了重要的影响。本节将通过对长汀县直有关部门（水保局、林业局、档案局、统计局等）以及 5 个乡镇 6 个村的实地调研，从农村劳动力转移、能源转化升级、技术与产业发展三个方面研究长汀社会经济发展对森林转型的作用机制。

一　农村劳动力转移

1980 年以前，经济发展所创造的城镇非农就业机会相对较少，农村劳动力大多附着在土地上，林区农户大多以耕地及林地为生，农户的生计需要致使森林资源遭到了严重破坏。在人口密度大的村庄，不但要就地取柴，在当地薪材砍光后，还要到很远的地方挑柴。濯田镇的一位村民称："1980 年前，我 10 多岁时，要到 10 公里外砍柴，一天只能挑一担柴回来。……（如果现在村里）3000 人都在家，不到 3 年（山）就光了，连树根都会吃掉。"河田镇露湖村一位 75 岁的村民回忆，70 年代，本村村民要到 10 公里之外的南山镇砍柴。南山镇人家较少，森林因而茂密，河田附近居民都到那边去砍柴。策武镇南坑村的一位主任称："80 年代中期，村民多数以砍材为主获取燃料，山上都光秃秃的。不但自己烧，还要卖些到城里，换油盐。"由此可见，森林与处于贫困中的群众生活息息相关，林农没有其他生计来源，不得不以砍柴为生。

随着经济的发展，城镇创造着越来越多的非农就业岗位，吸引了大量农村劳动力外出务工，农村人口对森林资源的依赖大大减弱。长汀县铁长乡芦地村距离县城13公里，芦地村村支书说道："改革开放以后，县城搞了一个开发区，有纺织厂、服装厂，村里基本都到外面打工了。（村里）327户，1000多人，现在在家的只有300多人。其中一个自然村，230人，只剩几个人在家，都是举家在县城打工。"河田、策武、濯田等水土流失严重的乡镇过去人口较为密集。濯田镇莲湖村户籍人口3000人左右，有约1200人在外面打工。该村支书称："很多村民出去打工了，很少有人上山砍柴了。年轻人外出务工回来，动员他们的老爸老妈不要去砍柴火，煮电烧煤嘛。在家没有钱就会挖（树），到广东、北京、上海挣了钱，拿回来，就不会挖（树）了。"河田镇露湖村村民T说："只要村民不上山砍，树就长起来了。那时候有力气没地方赚钱，不去山上砍树去哪里。经济发展了，年轻人去打工了，砍树自然少了。"

在策武镇南坑村，村里青壮年都外出务工了，占总劳动力的50%以上。河田镇露湖村也是年轻人都外出务工，外出务工比重占劳动力的60%。外出务工的地点，据各个村的村干部反映，铁长乡芦地村是以本县为主；而濯田镇莲湖村外出务工最多是到晋江和石狮，另外还有广东，在本市的占10%左右；河田镇露湖村外出务工地点以厦门市和龙岩市为主，各占30%左右；策武镇南坑村外出务工地点则以厦门、北京、龙岩为主。由此可知，经济发达的东部沿海地区和县所在的地级市是长汀县农村劳动力的主要务工地点。

长汀县农村剩余劳动力向经济较发达地区的转移对当地森林资源的正向演替发挥了积极的作用。一位林业战线的劳动模范对此感触很深："原来是在山上找活干，现在是到工厂里到城市里找活干，大量的劳动力转移出去，大量人口转移出去。这让山（有了）繁衍生息的机会，才能发生从荒山到森林正向演替的可能性。封山育林是最好的措施，就是无为而治，不要动它。南方气候条件适宜，水量充沛，采取人工促进措施，比如连草都不生的水土流失地，就先种草。生态系统有了一定的修复后，灌木、乔木的种子可以留在山上了，不会被冲掉了，我们再上乔灌木。有了乔灌草植被，地表水分就可以固定在山上，改善了土壤的水分条件，进而又促进植被的生长。"充分发挥自然恢复的能力，必要时采取适当的干预措施促进自然恢复，长汀特色的无为而治是森林植被恢复的重要途径之一。

二　家庭能源转变

1985 年前，薪材是长汀县农村家庭的主要能源，大量采伐薪材是森林植被破坏的重要原因之一。正如县林业局一位科长所说："（采伐方面）最大的原因还是烧柴，就是农村的燃料问题。以前，村民只干两种活，下田和上山。上山就是砍柴。河田乡人口比较密集，自然对森林破坏比较大。"策武镇南坑村主任也说："80 年代中期，1 担柴火要砍十几颗松树。大家都烧柴火。电费比较贵，1 块多钱 1 度，用不起。很多劳力都在砍柴。那时，我家 7 口人，一个劳动力专门砍柴，才够烧火做饭。还有割那个芦棘草来烧。那割得很厉害，它不会（再）长。"

早在 70 年代开始就有封山育林，但封禁效果非常不理想，最主要原因就是农村缺乏燃料。80 年代初，村民多年烧柴的习惯不容易改变，大规模水土流失治理工程中新种的植物被偷挖偷砍现象普遍。为此，各村都设立了专职护林员，村里制定了村规民约。一旦偷砍偷伐被发现，就要接受很严厉的处罚。河田镇露湖村书记说："如果是割草，那就要鸣锣，叫他鸣锣宣传，如果割草割得比较多的，要叫他放电影。"村民回忆说，那时最严厉的处罚是杀猪，发现谁砍树，就要把家里最大的一头猪杀掉，叫他自己挑着送到每家每户。

1984 年起，为了解决村民的燃料问题，煤炭补贴政策开始实施。省政府每年拨给长汀县 30 万元煤炭补助资金，到 1992 年增加到每年 80 万元，并向长汀县调拨煤炭指标，鼓励村民将生活能源由薪材转化为煤炭。刚开始供应煤炭时，村民由于经济拮据，烧柴的情况仍然很普遍，正如露湖村村民所讲："八几年的时候，煤炭要煤票，老百姓意识不太强……你买煤炭的钱都没有，你要不要上山去砍柴？他是生活所迫。"

随着经济发展与煤炭补贴政策的全面实施，全民烧柴的情况有所好转。正如县水保办 1987 年《五年来治理河田水土流失的回顾及今后工作意见的汇报》所述："封禁措施的真正落实是在全镇范围内推广烧煤的基础上实现的。没有上级调拨 1 万吨煤炭指标，省水保办每年下拨 30 万元的补贴烧煤，河田就不可能有今天大部分山头初步绿化的景象。"在可能存在的问题中，该汇报又进一步指出："不解决生活燃料问题，封山育林育草的措施就难以落实……五年来国家采取了补贴推广烧煤炭措施，为治理河田水土流失创造了良好的条件。但长期依靠国家，不摘掉煤贴帽子是不行的……寻求一条综合开源节流的路子是我们治理工作中亟待解决的重要问题之一。"

经济的发展所带动的能源产业发展令此担忧迎刃而解。90年代初，液化气开始逐渐普及，特别是90年代中期之后，电力的普及彻底解决了农村家庭的能源问题。"现在山上没人砍柴烧火了，以前我们是要砍柴烧火，现在都是煮电了"；"现在经济好，让你去砍柴都不砍了。我一天务工，80块90块，够你用电的了"；"以前大家都要去砍柴，怎么封都要去砍一点。现在没人去砍了，大家生活好过了……现在都烧电了，人又清闲家又干净"；"他这个和国家经济有关系的。80年代给你补贴个煤票，90年代给你补贴沼气，现在又来给你补贴电。农民现在要是没电，你山上照样光光的，你怎么封都封不住"——由此可见，经济发展所带来的家庭能源的转变，尤其是从薪材到电力的转变，从根本上减少了村民对森林资源的依赖，这是封山育林等植被恢复政策成功的重要基础。

三　技术与农村产业发展

自1983年起，伴随着经济增长与投入增加，水土流失治理的技术日益成熟。到了90年代，发展经济林成为长汀县水土流失治理中一项重要的政策，旨在一方面通过荒山造林保持水土，另一方面为林农增加收入来源，促进林农增收。

技术在助推经济林发展方面起到重要作用。如濯田镇莲湖村一位板栗种植大户，1999年承包水土流失荒山500余亩。长期的水土流失导致那片山地土层稀薄，土壤有机质含量低，在荒山上进行初期的植被恢复非常关键。该村民最初直接在荒山栽种树苗，但树苗很难固定在土壤中，每逢降雨，都会被雨水冲走。后来，在福建省林科院的技术帮助下，他们选择一块陡峭的地面进行特定品种的植草试验。两三个月后，实验证明该品种草苗对固着土壤确实有效，于是，该村民开始大面积植草。在植草固定土壤的基础上，这位村民终于将板栗园发展起来了。

另外一个技术知识推动农村产业发展的例子是铁长乡芦地村的毛竹产业发展。芦地村的山林中毛竹占很大比例，1984年以前，芦地村主要利用毛竹来造纸，但对毛竹的管理是粗放式的，毛竹生长多少便砍伐利用多少。1984年，铁长乡开始组织村民上山对毛竹林劈杂，即把阻碍毛竹扩鞭的杂木予以清理，劈杂有助于毛竹林向外扩张。芦地村支书称："乡里力度很大，把造纸厂的火灭掉，（将群众）赶上山去。开始群众不理解，这个山分给我了，我愿意怎么管怎么管，后来一两年后，劈杂不劈杂的差别就出来了，劈杂的竹子长得要好很多。"

芦地村的一位毛竹经营大户对毛竹的种植技术很熟悉，他说："我到南昌科技院等地方学习，还到了顺昌等地，要管好山首先要管好手上一把刀。我对毛竹很熟悉的……我们铁长竹山很多啊，如果大家都像我这样经营起来，那不得了。如果不管，两年（能砍毛竹）30 根，还有大小年。（如果）像我这样（管），每年至少（能砍）80 根。总的来说，首先是劈杂，第二是挖沟。挖沟很有利的，（可以）存水、挡住水，（挖沟要）横横的，不能斜，3 米处挖一个沟。（山承包过来）前几年很累，杂木太多，拿来后全部劈山。最后是下肥，到现在下了 4 年。俺杰（乡）那边有个（经营）1000 多亩（竹林）的，过来问我怎么经营。我过去教他怎么除草，现在他的山才慢慢好起来。"

铁长乡林业站站长告诉我们："一开始，虽然劈杂效果好，但老百姓积极性不高。到 1999 年时，老百姓才自觉去劈杂。现在不让劈（群众）还不肯。2011 年施肥（补贴）停掉了，有些老百姓还会自己去买肥料。"技术的进步与推广提高了经济林与竹林的生产经营效益，提高了村民管护山林的积极性，对于改善竹林山区的经济状况，进而维护水土流失区植被恢复成果，都有重要的意义。

林区民生的改善与植被恢复之间有密切的关系。正如长汀县林业局局长所讲："70 年代，农村主要收入是生产队分的稻田，（另外）一年养头猪，农村妇女还会养些兔子，构成其所有收入来源。做副业的很少。留下来的就在那里砍柴火了。"90 年代以来，长汀发展了一批特色农产品，这些林区农业产业的发展增加了林农收入，进一步降低了森林资源在林农收入中的比重，为森林资源的保护提供了前提条件。

目前，有两种农业经济作物在长汀水土流失区居于重要的地位。一个是烤烟种植，烤烟种植最早于 90 年代初推广，其推广受到市场需求与政府扶持引导的双重推动。烤烟种植户都会与烟草局签订合同，由烟草公司提供烟草苗和肥料补助，并且由保险公司提供烟草生产保险。调研中发现，烟草种植劳动力投入较为密集，收益比较高，起到了改善村民经济状况的作用。但农户普遍反映烟草种植的一个缺陷是，农历五月是烟叶采摘时节，这个季节长汀经常有降雨，但即使降暴雨也要立即将烟叶采摘烘烤，否则农民不会获得任何经济效益。另外，烟叶采摘对身体尤其是关节有较大的负面影响，有一部分农户尤其是年龄偏大的农户逐渐退出烤烟种植。

另一个发展起来的重要经济作物是槟榔芋。据濯田种植大户 L 村民讲："1983 年左右，广东就有老板过来收芋头（槟榔芋），后来间断过一段时间。再后来涂坊镇那边有人种，面积不是很大，后来有人在外经商，在湖南看到商机，在自己做强做大的时候，号召大家来种。然后蔓延到我们这里。你要看到效益才会有人种，有人跟风。"可以看出，槟榔芋种植的兴起主要是市场需求引导的结果。长汀大规模推广槟榔芋种植是在2000 年之后，其经济效益比较可观，河田镇露湖村主任说："全村耕地1400 亩，槟榔芋种植 600 多亩……村里为什么会富起来，就是槟榔芋这块。"另据种植大户 L 村民讲，"长汀县现在很多（地方）都种槟榔芋，有 20 多个经理人，年年都在增长。濯田这里，收获的时候，每天都在100—200 吨。"与烤烟和槟榔芋相比，"山上没去理它了，现在我们管山不合算了"。

总体来看，长汀县水土流失治理与植被恢复历程与其政治、社会、经济的发展相协调。长汀政治、社会、经济的发展促进了其生态建设的进程，巩固并发展了生态建设的成果。

在社会、经济发展方面，长汀县农村剩余劳动力向经济较发达地区的转移，降低了林业收入在总收入中的比重，对当地森林资源的正向演替发挥了积极的作用。家庭能源的转变，尤其是从薪材到最终电力的转变，从根本上减少了村民对森林资源的能源依赖，是封山育林等植被恢复政策成功的重要基础。技术的进步与推广提高了经济林与竹林的生产经营效益，提高了村民管护山林的积极性，对于改善竹林山区的经济状况、维护水土流失区植被恢复成果，都有重要的意义。长汀特色经济作物如烤烟和槟榔芋的发展增加了林农收入，进一步降低了森林资源在林农总收入中的比重，为森林资源的保护打下了坚实基础。

第十一章 长汀县森林转型的驱动力

由上一章基于长汀县实地调研的分析可以看出，长汀森林转型历程与政策的扶持和社会经济发展具有同步性，政策与社会经济发展在长汀县的植被恢复与森林转型进程中发挥了重要的作用。本章试图在以上分析的基础上，构建长汀县各乡镇水平上的面板数据集，利用计量经济方法对长汀森林转型的主要因素进行研究，探索长汀县森林恢复的主要驱动力，以更好地理解政策和经济发展在长汀植被恢复中的作用，为总结长汀生态建设经验提供依据。

第一节 数据与模型设定

本研究以长汀森林面积（有林地面积）作为被解释变量。在解释变量中，以人均纯收入作为反映经济增长的指标。在反映政府植被恢复政策的指标上，考虑到指标的可计量性与可获得性，以当年造林面积作为替代变量。另外，鉴于以往森林转型的研究，以人口密度和人均粮食产量作为控制变量，在其他条件不变的情况下，人口密度越大，对森林资源开采利用的压力越大，森林越容易遭到破坏；由于农地与林地存在一定的转化关系，人均粮食产量越高，一般认为人们毁林开荒的动机越低（对变量的描述参见表 11 - 1）。

表 11 - 1 **变量描述**

变量	解释	单位	预期符号
因变量			
FA	森林面积，有林地面积	公顷	

变量	解释	单位	预期符号
自变量			
INCPC	人均纯收入	元/人	+
PFA	当年造林面积	公顷	+
POPDEN	人口密度	人/平方公里	−
GYPC	人均粮食产量	千克/人	+

限于数据的可获得性，本研究的研究时点为 1986 年、1996 年与 2003 年，研究覆盖长汀县的 14 个乡镇（县政府所在地汀州镇，以及宣成和羊谷除外，因行政区划调整，羊谷于 1994 年从宣成划分出去），形成面板数据集，样本量为 42。本研究中变量的数据都来自于官方统计数据，其中 1986 年与 1996 年森林面积数据来自《长汀县二类森林资源清查数据》，2003 年森林面积数据来自《长汀县县志》（1988—2003 年）；当年造林面积来自 1985 年、1993 年与 2002 年的《长汀县统计年鉴》，因为造林对于森林面积的影响具有时间滞后效应，所以我们选择研究时点之前 2—3 年的数据进入模型；人均纯收入、粮食产量与人口数量均来自于《长汀县县志》（1998—2003 年），土地总面积来自《长汀森林资源清查报告》，人口密度变量为单位土地面积的人口数量。

在模型的估计方法上，我们使用两种估计方法，即面板数据模型的广义可行最小二乘法（FGLS）与随机效应估计方法，并对估计结果进行比较，在利用广义可行最小二乘法时我们还控制了异方差和一阶自相关的可能影响。

第二节　实证分析结果

从长汀森林资源与社会经济主要变量的历史趋势变化图（参见图 11 - 1）可以看出，长汀的森林转型发生在 20 世纪 80 年代中后期。这一时期长汀森林覆盖率开始上升，2000 年之后，森林面积基本维持稳定。长汀县造林的高峰期在 20 世纪 80 年代至 90 年代中期，2000 年之后，造林面积开始出现较大幅度的下降，这可能与前期较大面积造林后宜林地的减少相关。而林分蓄积量由减少到增长趋势的转型则发生在 90 年代中期，考

虑到 90 年代中期之前新造林树苗较低的林分蓄积，林分蓄积量的增长要
滞后于森林面积的增长。自 1985 年后，长汀水土流失面积亦呈直线下降
趋势，与这一时期森林面积的增长趋势相吻合。需要注意的是，长汀人均
GDP 在 1985 年后迅速增长，经济的增长与长汀森林转型具有同步性，表
明经济增长路径在长汀森林转型中扮演着重要的角色。而长汀人均粮食产
量在经历了 90 年代初期快速增长后有下降的趋势，这可能与 90 年代中期
之后农业产业结构的调整相关。

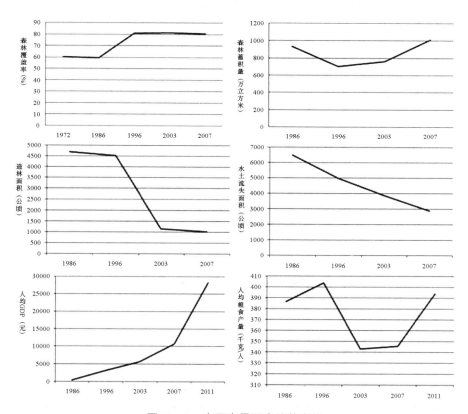

图 11 - 1　主要变量历史趋势变化

　　图 11 - 2 展示了长汀植被恢复过程中主要政策节点与森林覆盖率变化
之间的关系。长汀的水土流失治理与植被恢复政策有两个高潮，一个是
20 世纪 80 年代初在时任福建省委书记项南的推动下将长汀确定为全省水
土流失治理的重要试点；另一个是 2000 年福建省委、省政府将长汀水土

流失治理与植被恢复纳入"为民办实事"项目，每年给予 1000 万元的专项扶持资金。考虑到政策的时间滞后效应，前期的森林恢复相关政策，如机构恢复、能源补贴、多部门承包治理等，可能对森林转型产生了重要影响。将该图与造林面积变化图和林分蓄积量变化图相对比可以发现，前期水土流失治理和植被恢复政策可能推动了 1985 年之后大面积的植树造林，而 2000 年之后新一轮的政策效应则可能更多地体现在对以往治理效果的巩固和提高上，即由以迅速恢复山地森林植被为重点转向注重林分结构调整与生态效益的提高，2003 年之后林分蓄积量的快速上升可能是其重要的体现。

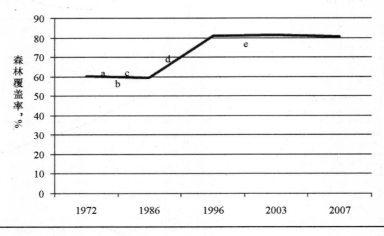

a 1980 年：恢复长汀县水土保持站

b 1982 年：能源替代政策，改烧材为烧煤，压缩薪材消耗，煤炭补贴

c 1983 年：（1）长汀列入省水土流失治理试点；（2）省、市、县"八大家"承包治理长汀县水土流失；（3）义务运送垃圾肥料支援河田绿化荒山

d 1989 年："以工代赈"治理水土流失

e 2000 年：长汀县水土流失治理列入"为民办实事"项目

图 11 - 2 长汀县植被恢复过程中主要政策节点

在本研究的计量回归模型中，我们使用各变量的对数形式来进行模型参数估计。随机效应估计方法（RAN EFF）的结果与广义可行最小二乘法（FGLS）估计结果见图 11 - 3。

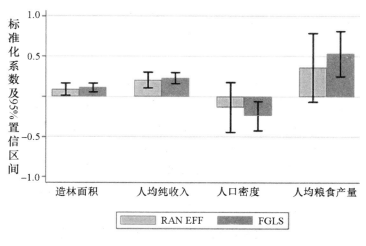

图 11-3　回归估计结果

　　图中浅色柱形代表随机效应方法估计结果，深色柱形代表广义可行最小二乘法估计结果，线段代表变量估计的 95% 置信区间，柱形的高度为变量估计值。面板数据的随机效应估计方法结果显示，人均纯收入与造林面积变量对森林面积都有显著的正向影响，验证了长汀的森林转型遵循经济发展路径与政策路径；人口密度对森林面积变化的影响为负但并不显著；人均粮食产量对森林面积具有积极的影响，表明长汀农业技术的发展在一定程度上缓解了林农对森林资源的依赖。广义可行最小二乘法估计结果与之类似，其结果表明人均纯收入与造林面积变量对森林面积都有显著的正向影响；而人口密度对森林面积变化具有显著的负向影响，即人口密度越大，森林资源保护面临的压力越大；与随机效应估计结果相同，人均粮食产量对森林面积具有积极的影响。

第三节　讨论与结论

　　森林转型理论过去主要基于发达国家森林恢复的历程与经验，对森林转型的发生机制进行研究，归纳出森林转型的国家政策路径、经济发展路径、森林稀缺路径、全球化路径与土地利用集约化路径，而对发展中国家及社区和县级水平的研究尚显不足。中国在 80 年代实现了森林转型，森林面积快速增长，为气候变化减缓和生物多样性保护作出了重要贡献。长汀水土流失治理实践被中国水土流失与生态安全院士考察团誉为我国南方水土流失治理的典范，认为对其植被恢复与森林转型过程的研究具有代表性与重要的借鉴意义。

本章构建了长汀乡镇水平上的面板数据集，对长汀森林转型的驱动力进行研究。回归模型中两种估计方法得出的结论具有一致性，控制了异方差与一阶自相关的广义可行最小二乘法在模型估计上优于随机效应估计方法。模型估计结果显示，相比较而言，人口的压力与体现集约化路径的人均粮食产量并非影响长汀森林面积变化的主要因素，而经济增长与政府推动森林恢复的政策是长汀森林面积恢复与增长的最主要动力。

在长汀的植被恢复政策体系方面，长汀成立了专门的机构——水土保持事业局来统筹水土流失治理与植被恢复的工作，避免了多部门权责不清、相互推诿现象的发生。长汀的森林恢复也是多政策综合协调的结果，不仅采取了植草种树、封山育林等直接的政策措施，还配合能源补贴、以工代赈、荒山拍卖与流转、发展经济林等措施。因此，长汀的植被恢复政策是一个系统的体系，体现了植被恢复政策综合的过程。

在经济发展方面，首先，经济增长创造了大量非农就业机会，引导农村劳动力大规模向城镇转移。在我们调研的长汀县濯田镇莲湖村、河田镇露湖村、铁长乡芦地村，劳动力向外转移的比例都在40%以上。例如芦地村户籍人口1000多人，其中只有300多人留在村里，其余大部分在县城的开发区务工。农村劳动力的转移降低了农户对森林资源开采利用的压力，为植被恢复与保护提供了重要的基础。其次，伴随着经济发展，长汀实现了家庭能源由薪材到电力的转变。80年代之前，薪材是长汀农村地区主要的家庭能源，薪材消耗是植被破坏的最主要原因，随着电力的普及、对薪材的替代，森林资源的消耗大幅减少。再次，经济的增长与产业的发展，如长汀农村地区烤烟、槟榔芋、仙草等种植业的发展，增加了农户收入，降低了森林资源在农户总收入中的比重，降低了农户生计对森林资源的依赖。

因此，计量分析结果表明，长汀森林转型遵循着经济发展与政策路径。促进植被恢复的政策如造林与水土流失治理，直接促进了森林面积的增长，而经济发展则减轻了林农生活和生计对森林资源的依赖，为森林的恢复与增长提供了坚实的基础与良好的外部环境。在正确的政策指导与协调下，长汀的生态恢复与经济增长实现了和谐统一，初步实现了"百姓富、生态美"的发展目标。

第十二章　山水殇颂

——汀州客家传统与水土流失治理

本章通过梳理史料，深描当地文化历史，访问农村社区，体验和感受当地文化特色，试图理解长汀县植被恢复与水土流失治理的历史过程和文化底色，诠释山水治理的文化内涵。

第一节　生态文化与文化表达

开元二十四年（736年），唐朝廷在长汀置汀州府，管理闽西四县；至宋元长汀统六县，及明清治八县；1949年新中国成立后，中央政府建立了新的政权，名为长汀县。汀州古人，从中原迁徙而来，在此聚族而居，繁衍生息，形成了客家民系。千余年来，这些客家民系不断向外生发，覆盖八闽大地、潮汕、台湾，甚至远赴重洋，定居马来西亚、菲律宾等地。长汀县由此而被称为八闽客家首府，是世界客家的文化要地。

当今的长汀县不仅仅因为客家人而声名鹊起。1960年，新西兰著名作家路易·艾黎在游历中国后曾说："中国有两个最美的小城，一个是福建长汀县，一个是湖南凤凰县。"长汀县城由于其历史渊远、风景清秀俊美、客家耕读文化浓厚而成为众多背包客的目的地。从1983年起，长汀县开始了水土流失治理、植被恢复的历程。在这30余年间，长汀县的水土流失治理和植被恢复工程声势浩大、范围广阔、群众参与程度高，如今的长汀，"火焰山变青山、青山变花果山"。2012年，长汀的水土流失治理工作得到了时任国家副主席习近平的肯定和鼓励，指示要"总结长汀经验"（转引自陈丽珠，2015）。长汀县成为我国治理水土流失、森林景观恢复事业的典范。

穷山恶水是社会、经济、文化和政治制度综合影响的结果，历史学、社会学、经济学和政治学研究总在试图诠释旧的、过去的社会、经济和政治因素对当今生态破坏的作用，并从中汲取教训。而人类学家则从民族文化的角度诠释人与自然的关系，由此诞生了生态人类学。生存在不同自然条件下的族群，创造出了独特的文化，形成了文化认同，结成了民族这一社会聚合体。同一民族的成员凭借其特有的文化，或征服、或改造、或利用其自然生境，创造成员的全部生存条件，维系民族的延续。文化是维系民族与自然生境关系的关键（杨庭硕、罗康隆、潘盛之，1992）。近60年来，政治学、制度经济学研究认同将与人类社会相关的生态系统的治理视为公共池塘资源的治理，公共池塘资源治理的相关理论研究越来越成为学术界的焦点议题，公共池塘资源治理的成功关键取决于成员间能否形成集体行动。要达成共识，形成合力恢复生态，需要考虑到集体行动背后的共享规范所带来的制度约束（埃莉诺·奥斯特罗姆，2012），以及嵌在习俗中的制度发明的动态机制（张佩国，2012）。从历史的眼光来看，生态恢复需要看到文化的直接影响和习俗文化通过形成集体治理行动的间接影响，还要将其放到人口、战争等因素所带来的历史背景中（孟泽思，2009）。

　　在长汀县志中，这样描述汀人的性格与风气——"汀，山峻水急，习气劲毅而狷介，其君子则安分，义励廉隅，耻为浮侠"[1]；"汀邻江、广，壤僻而多山，地灵之所融结，地气之所熏蒸，人多刚果朴直，唯在上之君子，有以率作而整齐之；将见辁轩所采，与'兔罝'、'江沱'诸诗比盛焉"[2]；"长汀县僻在闽西，重山复岭，风气之质朴，地势使然"[3]。这些历史记载忠实陈述了汀人的特质——质直淳朴又好勇敢争。汀人特质因而有别于附近的洪州人[4]、福州人、莆仙人。在山峻水急的自然环境中，中原文化随着客家人南迁、与闽西原住民的畲族文化相融合而成汀州客家人的文化（谢重光，2004）。汀州客家的文化传统深刻影响了长汀县植被恢复和水土流失治理，是长汀经验不可或缺的组成部分。

---

①　（宋）胡太初修，赵与沐纂：《临汀志·风俗形势》（福建省情资料库：地方之窗·旧志，www. fisq·gov. cn/JZ. ASP）。
②　（清）曾曰瑛等修，李绂等纂：《中国地方志集成·福建府县志辑33：乾隆汀州府志》卷6《风俗》，上海书店出版社2000年版，第64页。
③　（民国）黄恺元等修，邓光瀛、丘复等纂：《中国地方志集成·福建府县志辑35：民国长汀县志》卷17《礼俗志》，上海书店出版社2000年版，第491页。
④　江西南昌古时称为洪州。为尊重引用作者的表述，本文仍保留洪州人的说法。

第二节　山水之殇

生态破坏成因分析浩如烟海，但都不外乎人口增长、腐败、战争、政策失当等方面。我们从长汀实际出发，从长汀县人口增减与生计需求、汀江航运和商贸、战争和政治历史三方面诠释森林植被破坏的内在逻辑，理解因植被破坏而导致水土流失的历史必然性。

一　殇之山水

> 荒山无寸木，古道少人行。
> 地势西连广，方音北异闽。
> 间阎参卒伍，城垒半荆榛。
> 万里瞻天远，常嗟梗化民。[①]

——这是明《永乐大典》卷 7895 中记载的南宋末年漫游集的一首五言律诗，诗人没有直接描写闽西水土流失的景象，却在哀叹战后荒山无寸木、城里无安民、古道少行人的萧条景象。

> 四周山岭尽是一片红色，闪耀着可怕的血光。树木很少看到！偶然也杂生着几株马尾松或木荷，正像红滑的溯秃头长着几根黑发，萎绝而凌乱。密布的切沟，穿透每一个角落，把整个的山面支离碎割……再登高远望，这些绵亘的红山仿佛又化作无数的猪脑髓，陈列在满案鲜血的肉砧上面。在那儿，不闻虫声，不见鼠迹，不投栖息的飞鸟；只有凄惨的寂静，永伴被毁灭的山灵。

——这是 1942 年福建省研究院（河田）土壤保肥试验区主任、科学家张木匋先生描述的河田山水（福建省龙岩市政协文史和学习委员会，2013）。

---

① （明）解缙、姚广孝等编：《永乐大典》卷 7895，载《四库全书存目旧书补编》第 65册，齐鲁书社 2001 年版，第 426 页。

《长汀县志（1988—2003）》卷4《环境保护》记载："长汀县水土流失始见于19世纪中叶，主要是以水力作用下的水侵蚀类型为主，水土流失程度重且集中。其分布以河田镇为中心，不规则蔓延，河田、三洲、濯田、策武等乡镇水土流失尤为严重。"在河田、三洲、濯田等地，土壤由花岗岩风化而成。森林植被破坏后，雨水易冲刷掉土壤中的黏土，使之与花岗岩颗粒分离，而成红色沙漠。热带、亚热带土壤土层薄、肥力差，自然生态系统维护关键在于植被。一旦植被破坏，土壤表土极易发生水土流失（长汀县地方志编纂委员会，2006）。村民们说，"保护山林树木的本源，是为了生存"，"树砍了，山泉水就没了，大家都知道"（南山镇邓坊村村民访谈），"山上没有树，一下雨就涝，一没雨就旱"（河田镇伯湖村村民访谈）。一个世纪多的水土流失历史告诉当地人：森林植被减少和退化是导致水土流失的成因。那么，植被又是如何被破坏的呢？

二　人口增加

因世代变迁，行政区边界难以确定，现代疆域内的长汀县人口数量的历史变迁很难准确。魏晋以前，长汀县一直是荒芜之地，偶有先民在此狩猎或游耕，直至北方居民迁徙定居于此。有文字记载，唐朝开元年间，人口只有约千人左右。随着来自北方移民的不断增多，宋朝年间，曾多达11万余人。[①] 明曾降至不足3万人，而清又逐渐增加至近50万人。兵荒马乱的民国年间，人口一度降至18万余。新中国成立后，长汀县人口增长迅速，从1949年的199754人增加到2012年初的506781人。

人口的变化直接推动了农田数量、燃料消耗和建房等其他生活用木材的变化。下面我们将通过分析各县志记载的数据，估计长汀县木材使用的变化。

根据各年代县志的记载，长汀县农田、山塘在明朝时有19.61万亩，清朝时有14.86万亩，民国的数字不确定，但也有增长；新中国成立前

---

①　人口的数据来源于笔者查考的各时期县志。由于人口数不是所有县志都有记载，故按照户来展示和比较。唐和宋朝的人口数据来源于《临汀志》，是当时汀州所辖县的总数据，唐朝时，由于同一时期汀州所辖为三县，故均取三分之一作为长汀当时人口数据的估计值。宋朝时，汀州统领六县，故取六分之一作为长汀当时人口数据的估计值。元朝的文献没有找到，之后的县志中描述元朝的情况较少，人口和田地山塘亦无数据。由于宋将文天祥带领当地人抗元直至1277年战败，元朝于至元十五年（1278年）才在长汀建制汀州路，洪武元年（1368年）汀州总管就投降明朝，故元朝对长汀县的影响不过90年，时间较短，应该不会影响本书的判断。

20 年为 30.69 万亩，20 世纪 80 年代到 90 年代增长到 43.06 万亩，2000
年以后基本稳定在 44 万亩的水平。

　　房屋的材料信息来源于各县志中的描述、知网文献以及实地调研访
谈。从元初丁继道的诗歌"茅屋蛮烟黑"①知，驿站为茅屋，当地的民居
也应基本为茅屋，唐宋时期最好的民居也为茅屋。没有找到文献记载唐宋
闽西的茅屋是什么结构，我们估计对于木材的消耗量应该不大。据黄联辉
和戴志坚的文章，明清时期闽西客家人住在围屋（土楼）中，土楼的主
要用料为黏土，墙体之中埋有竹片木条等韧性材料，木材不是主要的建筑
材料，对木材的消耗量不大（黄联辉、戴志坚，2009）。史兵的文章（史
兵，2013）提到的河田木禄巷，明朝时（可能在市镇之中）也有木制阁
楼。依据《临汀志》，坊间居民所占总人口的比例不大（大约 5% 左右），
且现在长汀县的城镇化率不到三分之一，而城镇化后人口密度会大大提
高，为了估计方便，房屋用材暂且不进行估算。

　　能源的情况信息来自于实地调研和长汀县档案馆资料。20 世纪 80
年代起，长汀为了保护森林和植被，全县从水土流失重灾区开始逐步对
县域内的煤、电使用进行政策性补贴，因此，长汀从 20 世纪 80—90 年
代起，用柴量大大减少。2000 年以后，长汀农村中煤、电、气的使用范
围进一步扩大，烧柴做饭的已很少了，只有极小部分的家庭在冬天烧柴
取暖。

　　各朝代至今的人口变迁、田地山塘、房屋燃料的情况，以及人口生
计在各年代对长汀森林植被的影响，可参见表 12 - 1 和图 12 - 1。由此
可见，人口增长所带来的自然资源的压力随朝代变迁逐渐增加，即使不
计算采矿、贸易、城镇扩张的面积，也不考虑杉木贸易需求对于森林的
压力，仅仅是人口增长而需要的燃料对森林的压力，在清朝时期是明朝
的 3 倍多，新中国成立之后是明朝的 5—8 倍。而有学者估计，长汀县水
土流失开始恶化的时间是清朝中期（也就是 1860 年左右，太平天国起
义之后）。

---

　　① （明）解缙、姚广孝等编：《永乐大典》卷 7895，载《四库全书存目旧书补编》第 65
册，齐鲁书社 2001 年版，第 426 页。

表 12 - 1　　　　　　　　　长汀县人口与生计变迁

年代	人口（户）	田地山塘（亩）	房屋类型	能源	生计木材年需要量（千斤）	用于采樵的森林面积	
						数量（亩）	占森林总面积的比重（%）
唐	1000～1777	无记载	茅屋	柴	5553	2777	—
宋	13576～37239	无记载	茅屋	柴	101630	50815	—
明	7825～13693	196112	茅屋/木楼/土楼	柴	43036	21518	0.48
清	13057～60541	148611	木楼/土楼	柴	147196	73598	1.63
民国	29338～39960	不确定	木屋/土楼/青砖瓦房	柴	138596	69298	1.55（估计）
20 世纪 50—70 年代	50847～62241	306860	木屋/土楼/青砖瓦房	柴	226176	113088	2.59
20 世纪 80—90 年代	62980～111752	430600	砖瓦房	柴和煤	349464	174732	4.12
2000 年以后	114754～149097	441300	砖瓦房	电和煤	0	0	0

说明：（1）资料来源：史料和笔者的估计。

（2）因为宋代户均人口大约为每户 2.5 人，明清时期为每户 4.6 人，民国时期约为每户 5.7 人，故户均人口数按每户 4 人来保守估算。

（3）"生计木材需要量"和"年森林采樵面积"的估计参数参考《四川盆地的研究》，唐代每人年均消耗薪材约 1000 斤左右，森林每年每亩可采樵 1400—2600 斤薪材；"生计木材年需要量"仅为薪材的数据，房屋用材暂且不进行估算；人口按年代的平均值计算。

（4）"采樵占森林面积的比重"的估计：长汀县总面积为 3112.42 平方公里，合 4668630 亩；假设森林面积为长汀县总面积减去田地山塘面积，该指标实际的数值应当远高于此，因为未算长汀县的采矿面积、水域面积、城镇（扩张）面积。

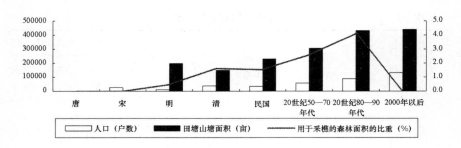

图 12 - 1 长汀县人口与生计变迁
资料来源：史料和项目团队估计。

三 商贸

汀江从长汀县城穿城而过，再纳众溪之水，汇入梅江而成韩江，由潮阳入海，全长 220 公里。[①] 在南宋绍定年间（1228—1233 年），宋慈在平定因 "福盐"[②] 而起的 "宴彪之乱" 之后，带领汀州民众开辟汀江水运，建造船只，学习撑船技术，打造了一条航运通道，从潮汕运进 "潮盐"，同时也带动了汀潮两地的商贸。汀州渐成闽西商业中心，城内店铺林立，商贾云集。广东的食盐、海味、布匹、杂货自汀州转运闽赣十几个县市。出产于汀州及其覆盖的闽赣山区县的纸、竹木、茶叶、烟叶、工艺品等土特产则通过这条航道运至潮汕，再转运至广东、上海、香港及海内外（舒扬，2013）。

汀州自古 "山势险阻，树林翁密"[③]。《临汀志》记载宋时长汀县的货物有 11 种[④]，《民国长汀县志（1940 年)》记载民国时长汀县的货物有

---

① 参见福建省长汀县地方志编纂委员会《长汀县志（唐—1987)》卷 2《自然环境》，生活·读书·新知三联书店 1993 年版，第 74 页。

② "福盐" 指从福州运来的食盐，当时要通过人肩挑背扛、翻山越岭才能运到长汀县，成本很高，盐价居高不下；且在官盐的体制下，盐官腐败，宋朝因盐而起的农民起义很多，运输中遭到劫抢更是不计其数。汀江通航之后，长汀县改为吃 "潮盐"，也就是广东潮州航运来的食盐，成本要比 "福盐" 低得多。

③ 明朝的汀州府还曾多次布告天下，要求各地联合捕捉藏匿于险山密林中的盗贼 ［见（明）邵有道总撰《天一阁明代方志选刊续编：嘉靖汀州府志（上册)》，上海书店出版社 1990 年版，第 212 页］，可见当时长汀附近森林的茂密程度。

④ 货物 11 种：金、银、铜、铁、蜡、蜜、糖、蕈、靛、纸、红椒 ［见（宋）胡太初修，赵与沐纂《临汀志·土产》（福建省情资料库：地方之窗·旧志，www.fisq.gov.cn/JZ.ASP)］。

21 种①，其中"有竹木二项为出产大宗"②，又以杉木享誉八闽和潮汕。蔡骧引用清人郭柏苍在《闽产异录》中的评论，"福州、兴化和龙岩的杉木不及延州和建州，但延州和建州的杉木又不及汀州"（蔡骧，2007）。

　　长汀县水土流失严重地区河田、濯田等乡镇，曾是当时重要的木材产地，也是木材加工中心、贸易集散地。河田在长汀县城南30公里，于汀江河畔，自宋朝以来就有何田墟（市），原名留镇（意人口众多）③，墟市的村落原名柳村（意柳树成荫）④；由于市井阛阓创寨，在宋朝嘉定年间，郡守邹公非熊设立何田寨，轮差禁军三十人弹压⑤；河田境内也配套有朱溪铺作为邮驿差使歇脚之站⑥；明、清时，何田更是汀州重要的军事、商业中心。长汀县各地众多的木材均沿汀江各支溪流运到河田、濯田的集镇交易或加工，再沿汀江转运至潮汕佛广。民国前，杉木一项，一年可有数十万（银圆），但民国时却一落千丈，一年不过数万（银圆）。至于竹麻的生产，产量兴旺与否全要靠山民能否保护培养竹笋。民国政府为了振兴竹木产业，下令严禁组织盗挖竹笋，设立振兴植物研究会，建设县

---

　　①　货物21种：书、纸、烟、蜡、漆、香、油、糖、蜜、茶、箬叶、蓝靛、薯榔、杉木、布、冶器、窑器、皮器、竹器、铜丝器、棕丝器（黄恺元等修，邓光瀛、丘復等纂：《中国地方志集成·福建府县志辑35：民国长汀县志》卷10《物产志》，第444—445页）。
　　②　（民国）黄恺元等修，邓光瀛、丘復等纂：《中国地方志集成·福建府县志辑35：民国长汀县志》卷18《实业志》，上海书店出版社2000年版，第493页。
　　③　关于地名是"何田"还是"河田"，宋朝的《临汀志》及明朝的《嘉靖汀州府志》里记载的都是"何田"，到了清朝《乾隆汀州府志》和《民国长汀县志》里才是"河田"。名字的变化代表着环境的变化，应该是水土流失造成的"河比田高"带来的名字的转化（参见福建省长汀县地方志编纂委员会《长汀县志（1988—2003）》卷30《乡镇概况》，中华书局2006年版，第703页）。以上各县志见（宋）胡太初修、赵与沐纂《临汀志·坊里墟市》，福建人民出版社1990年版。（明）邵有道总撰：《天一阁明代方志选刊续编：嘉靖汀州府志（上册）》，上海书店出版社1990年版，第216页。（清）曾曰瑛等修、李绂等纂：《中国地方志集成·福建府县志辑33：乾隆汀州府志》卷5《城池》，上海书店出版社2000年版，第56页。（民国）黄恺元等修，邓光瀛、丘復等纂：《中国地方志集成·福建府县志辑35：民国长汀县志》卷5《城市志》，上海书店出版社2000年版，第402页。
　　④　参见福建省长汀县地方志编纂委员会《长汀县志（1988—2003）》卷30《乡镇概况》，中华书局2006年版，第703页。
　　⑤　参见（宋）胡太初修、赵与沐纂《临汀志·营寨》（福建省情资料库：地方之窗·旧志，www.fisq.gov.cn/JZ.ASP）。
　　⑥　参见（宋）胡太初修、赵与沐纂《临汀志·邮驿》（福建省情资料库：地方之窗·旧志，www.fisq.gov.cn/JZ.ASP）。

苗圃和农场。①

　　由此可见，在宋时林木蓊郁的长汀县，由于常年密集的杉木贸易，在民国时山上就不剩多少可贸易的木材资源了，连竹麻生产都需要政府下禁令来保护。只砍不造的竹木生产和贸易，是导致长汀植被破坏的直接原因。

四　战争

　　长汀县地处"崇山复岭，南通交、广，北达淮右；瓯、闽、粤壤，在山谷斗绝之地，西邻赣、吉，南接潮、梅；山重水迅"②。长汀县自古以来就是兵家必争之地，战乱繁多。在《临汀志》里，长汀县内仅有2个营寨，到了民国，县志里已记载了37个营寨堡垒。除了地理位置的原因，还在于汀州客家人抗争的骨气，从文天祥抗元到陈友谅起义，到太平天国、民国战乱，再到参加红军、抗日战争，都是客家人自保和反抗的例证。按照县志梳理，汀州设郡以来的各大战争如表12-2所示。

表12-2　　　　　　　　　　　　**与长汀县相关的战争**

战争名	持续时间	发生范围	备注
王绪之争	唐末 （885—893年）	汀漳、南康，自闽中过江到临汀、南安	
黄连峒蛮二万围汀州之乱	唐末 （894年）	汀州城	此时汀州城于白石乡，应于今河田镇附近
汉主刘龚、汀人陈本与闽人之争	五代十国 （924—926年）	汀漳、汀州	
王延政四十二战汀州南唐讨王延政之战	五代十国 （925—942年）	汀州	
宋末文天祥抗元	宋末 （1276—1277年）	汀州	此时汀州城已迁往现长汀县城之处

---

　　①　参见（民国）黄恺元等修，邓光瀛、丘復等纂《中国地方志集成·福建府县志辑35：民国长汀县志》卷18《实业志》，上海书店出版社2000年版，第494页。

　　②　（清）曾曰瑛等修、李绂等纂：《中国地方志集成·福建府县志辑33：乾隆汀州府志》卷4《疆域·形胜》，上海书店出版社2000年版，第51页。

续表

战争名	持续时间	发生范围	备注
元初陈桂龙陈吊眼之乱	元初 （1282—1284 年）	汀漳间、（云霄）千壁岭	
陈友谅、陈友定、朱元璋之争	元末明初 （1358—1368 年）	汀州、清流、上杭	
太平天国石达开与花旗军之战	清咸丰 （1857—1858 年）	宁化、河田、武平、江西会昌、瑞金等	
民国战乱	民国 （1927—1934 年）	南山、河田、长汀县城	

资料来源：整理自（民国）黄恺元等修，邓光瀛、丘复等纂《中国地方志集成·福建府县志辑 35：民国长汀县志》卷 2《大事志》，上海书店出版社 2000 年版，第 371—389 页。

战乱时期，由于火攻的策略或筹备战时能源之需，森林多次被破坏。《民国长汀县志》卷 2《大事志》中，记载了一个至元十九年（1282 年）"燃薪焚其栅"的山地战争的过程。咸丰七年（1857 年），太平天国在长汀县"焚杀淫掠，民不堪虐"，河田官民团练御敌，于四月二十二日夜与敌混战。[①] 民国五年（1916 年），长汀县民众自发组织了长汀县振兴植物研究会，年年雇工人在苍玉洞的东教场小高坑铜锣坑一带山场种植杉树苗，总计上万棵，到民国十年（1921 年）成林过半。但是民国十六年（1927 年）后，乱事频发，那片杉树林几乎全被军队砍作燃料，一望无遗，剩下的不太多，只能留作以后恢复来用了。[②]

新中国成立后，长汀县的森林多次被乱砍滥伐和恣意开发。1958—1966 年，大量林木被砍伐用作烧炭炼钢铁。"1958 年长汀县城乡大炼钢铁，大烧木炭、乱砍滥伐非常严重。不仅成片原始阔叶林被砍光，有的地方连杉木林、松树林甚至风景林也不能幸免"[③]。1970—1976 年"文化大革命"时期，掀起"向山要粮"的开荒造田之风。1973—1978 年，

---

① （民国）黄恺元等修，邓光瀛、丘复等纂：《中国地方志集成·福建府县志辑 35：民国长汀县志》卷 2《大事志》，上海书店出版社 2000 年版，第 376、384 页。

② 参见（民国）黄恺元等修，邓光瀛、丘复等纂：《中国地方志集成·福建府县志辑 35：民国长汀县志》卷 18《实业志》，上海书店出版社 2000 年版，第 494 页。

③ 福建省长汀县地方志编纂委员会：《长汀县志（唐—1987）》卷 5《林业》，生活·读书·新知三联书店 1993 年版，第 158 页。

长汀县平均消耗木材 34.15 万立方米，超过长汀县林木年均生长量
15.52 万立方米的一倍多。① 据不完全统计，1967—1976 年 10 月，河田
新的水土流失面积高达 19.9146 万亩，占流失总面积的 18.61%（福建
省长汀县水土保持事业局，2013）。1983 年后，落实山林权政策的交叉
阶段，山民生怕政策变动，又对森林资源进行了一场规模较大的砍伐。
新中国成立后，长汀县水土流失面积从 62.12 万亩增加到 1983 年的
104.56 万亩。②

表 12 - 3　　　　　　　　与长汀县相关的政治运动

政治运动	持续时间	发生范围	备注
"大炼钢铁"	1958—1966 年	全长汀县	砍树烧炭炼钢铁
"向山要粮"	1970—1976 年	全长汀县	开荒造田
"落实山林权"	1977 年后至 20 世纪 80 年代	全长汀县	

资料来源：整理自福建省长汀县地方志编纂委员会《长汀县志（唐—1987）》卷 5《林业》，
生活·读书·新知三联书店 1993 年版，第 142 页；卷 18《环境保护》，生活·读书·新知三联书
店 1993 年版，第 442 页。

　　由于人口增加、商业和贸易发展、战乱频发和政治运动等因素，导
致了大面积的毁林和森林退化，在由花岗岩发育而成的红壤分布区域逐
渐形成了水土流失。本节开始所引的科学家张木匋的凄凄描述更是使人
心痛！
　　山水之殇，殇在国家政治和战争之野蛮与贪婪，伤在当地人民生计和
民族情结之妥协与抗争。

第三节　山水之颂

一　治理山水是长汀人民的传统
　　《长汀县志（唐—1987）》中记载："建国前……风水林大多为自然

---

　　①　参见福建省长汀县地方志编纂委员会《长汀县志（唐—1987）》卷 5《林业》，生活·
读书·新知三联书店 1993 年版，第 142 页；卷 18《环境保护》，生活·读书·新知三联书店
1993 年版，第 442 页。
　　②　同上。

村村口或村镇房屋后的自然屏障林，即使在水土流失严重的地方，这部分林木也保护甚好。1950—1952 年土地改革中，风水林作为防护林或风景林而保存下来。"[①] 在河田镇伯湖村调研时，老乡们告诉我们，他们村当年举全村之力保护下来了一块集体林地（即裙子坑林场），这片林子保护着村庄的小溪源头，即使要走更远的路砍柴，村民也决不进这块林地砍柴打枝。这块林地在 1986 年《福建日报》的一篇新闻报道中被称为"长汀县的绿洲"，全村人也常以这片林子为傲。调研时，我们会问村民一个问题："（那个时候）你们会砍房前屋后的树当柴火烧吗？"几乎所有的回答都是"不会"！人们在尽可能地保护他们家园中的树木和森林。林文清先生曾代表长汀县林姓在长汀县媒体上发表了《汀州林氏家庙》一文，讲述河田森林多寡与林氏家族兴衰的关系（林文清，2013）。可见，无论古今，长汀县的人们都对树木山林有感情，森林不仅是物质资源，更是生活家园；对于生计和发展所迫、战争的无情和不因地制宜的政策所带来的水土流失，人们是无奈和遗憾的。

长汀县的客家人迁自中原，他们将中原的农耕文化和技术带到了闽西，治水灌溉是早已有之。南宋的《临汀志》里记载了汀州（包括长汀县在内的 6 个县）的 7 个陂，也就是用于灌溉的水利设施，其中特别记载有何田大陂："障刘源溪水；又曰中陂，障黄坑涧水；抱山数曲；三水合流出何田市心，疏为数十圳，分溉民田，皆成膏沃，不减白渠之利。"[②]《乾隆汀州府志》载长汀县域内有 11 个陂堤；《民国长汀县志》载仅长汀县一个县就有 47 个陂堤，1941 年 6 月，在长汀县设立了闽西农田水利工程处，还有 3 个新的水利工程在建设和勘探当中，而此时正值抗日战争的艰难时期[③]；现在就更多了，2011 年，长汀县各类水利灌溉工程有 5418 处（长汀县地方志编纂委员会，2014）。越是发展到现代，传统的水利文化越是得到重视。

---

① 福建省长汀县地方志编纂委员会：《长汀县志（唐—1987）》卷 5《林业》，生活·读书·新知三联书店 1993 年版，第 152 页。

② （宋）胡太初修、赵与沐纂：《临汀志·山川》（福建省情资料库：地方之窗·旧志，www.fisq.gov.cn/JZ.ASP）。

③ （民国）黄恺元等修，邓光瀛、丘复等纂：《中国地方志集成·福建府县志辑 35：民国长汀县志》卷 4《水利志·陂堤》，上海书店出版社 2000 年版，第 395 页。

二　保卫山水是长汀人民的抗争

1916 年，长汀县富足人士（绅士）为了造林植树，自发组织了长汀县振兴植物研究会，但在战乱中，造林植树的成绩毁于一旦。1936—1938 年，长汀县政府为了发展长汀县的实业，振兴长汀县经济，在县里建设县苗圃和农场，1940 年时，县政府和福建省给农场（即第二苗圃）补助的经费一年共为 13285 元（当年整个县的财政用于"建设及经济支出"仅为 36693 元，农场支出占了 36%）。农场其下增设河田工作站和河龙头试验区，实业计划为森林项目，主要有 11 项工作：（1）推广苗木及育苗；（2）各区乡设特约苗圃；（3）造经济林场百亩；（4）划森林保护区 200 亩；（5）造杉木示范区于各乡则定，朝北边的湿润山地及山凹地，用闽北农民扦插杉木方法扦插之；（6）派员指导各区乡造林，使之得法；（7）造行道树 50 里，由河田至城区，40 里汀宁段附城，5 里汀瑞段附城，5 里各段附城，5 里内均栽桉树，其余栽苦楝、枫杨、油桐等；（8）河田造林实施步骤务必逐渐由近而远、由易到难；（9）用客土法造油茶林百亩，挑肥土垃圾等培植苗穴，并铺盖稻草，以防雨天冲刷及晴天蒸发干燥，使树苗容易生长；（10）征集及购置稻草，用为各树苗圃之假地被物，逐年增加，使得及早成林；（11）扩大河田苗圃面积，预计约 50 亩，树种以油茶、枫杨、苦楝、合欢、白杨、乌桕等类适合于山麓河旁等处生长的，先行繁殖，马尾松山上甚多，注重在保护方面，使得其容易生长，且禁止砍伐。[①] 同年 12 月，福建省研究院在河田设立了"福建省研究院土壤保肥试验区"，在试验区内建立气象观测所、水文观测站，进行水土流失的自然观测，积累资料；搜集保土植物乔、灌、草等 30 余种，进行繁育和良种筛选；分别对不同水土流失区的坡向、坡位、坡度小区径流试验场所采取的生物、工程、农业措施进行效益试验；分别对侵蚀沟的不同工程措施进行效益试验，并在各种试验的基础上，进行面上治理示范（李时盘，2013）。新中国成立以后的长汀县水土流失治理工作很大程度上是民国"福建省研究院（河田）土壤保肥试验区"工

---

① 参见（民国）黄恺元等修，邓光瀛、丘复等纂《中国地方志集成·福建府县志辑 35：民国长汀县志》卷 11《度支志》，上海书店出版社 2000 年版，第 445 页；卷 18《实业志》，上海书店出版社 2000 年版，第 494 页。

作的延伸和扩展。①

新中国成立后，大建设的呼声高过环境治理，长汀县的水土流失治理工作似乎停滞了。在林业局档案的查阅中，1950—1980 年之间，几乎都是关于发展林业生产、完成计划任务、落实责任制的文件，成立林场、封山育林、严禁盗伐、香菇生产、护笋养竹这些政策文件也都是为了完成计划经济下的林业产值，并没有生态建设的意图。中央电视台"新闻调查"专题片《〈漫长的较量〉·文字实录》载："1980 年代以前，水土流失治理没有多少进展。每一次治理了又破坏，破坏了又治理。1958 年大炼钢铁，当时见树就砍……1962 年开始治理了，'文化大革命'又砍光了。1980 年代的水土流失面积比 1960 年代的面积还大"（福建省龙岩市政协文史和学习委员会，2013）。

当然，在各种政治运动中，长汀县人民也在努力保护自己的家园。采访中，南山邓坊村的一位老村民讲道，1958 年大炼钢铁之时，村口风水林中建起了烧炭窑（遗址仍现存），古树遭到砍伐，要烧炭以满足炼铁之需。邓坊村村民不忍心，几个村民自发连夜摧毁了炭窑，老者发动村民向当时的领导求情，与之理论。由于村民的阻挠，加之当地没有铁矿石，劳力又不足，炭窑之事便不了了之，风水林得以躲过一劫。1983 年之后，在时任福建省委书记项南和后续各任、各级政府领导的鼓励和支持以及时任福建省省长习近平的指导和推动下，长汀县人民又开始打一场水土流失治理的硬仗：专门成立了长汀县水土保持事业局，承担治理中的科学研究和工程措施开展；制定各种政策（如荒山拍卖），落实水土流失治理的责任；推进新产业（比如纺织、烟草等）的发展，促进农村人口外出务工、农业转型，提高人们收入；协调居民能源，政府投入补贴，鼓励人们用煤和电，促进能源结构转型；以补贴或者其他形式鼓励循环种养等生态科学模式，对土壤进行改良，鼓励民众参与植树造林共享收益。30 多年来，政策连续、措施坚持、迎难而上，"滴水穿石、人一我十"。

---

① "福建省研究院土壤保肥试验区"于 1944 年改名为"河田水土保持试验区"；至 1947 年，由国民党农林部接办，与广东东江流域的水土保持研究机构合并，改名为"农林部东江水土保持实验区河田工作站"，直至 1949 年底。新中国成立后，该机构由长汀县人民政府接管，改为"福建省长汀县河田水土保持试验区"；1952 年改为"长汀县河田苗圃"；1962 年从中分出设立"长汀县河田水土保持站"；1968 年，"长汀县河田水土保持站"又与"长汀县河田苗圃"合并，更名为"长汀县河田林苗水土保持站"；1976 年又更名为"长汀县河田苗圃"；1980 年，"长汀县水土保持站"在河田单独成立，直至今日。

三　修复山水是长汀人民的期待

"三洲河田，没米过年，企上企下灶沿边，问祖先，几时落雨不打（冲）田，山清水秀笑开颜"；"晴三天，尘满面，雨三天，泥满田，水淹火烤到哪年"，这些都是流传于长汀县的客家话民谣（林文清，2013）。长汀县人民支持政府花大笔经费治理水土，因为"人穷山光"的道理他们都懂。在伯湖调研时，村民们说，以前山光岭秃，小溪里的水量小，大家田里都种稻谷，同一时间用水时，常有争水打闹的事，大家都被水土流失整得苦怕了，都会自觉地支持和维护水土流失治理工作。现在山上治理比以前好了，小溪中水量也大了，而且大家有人种水稻、有人种烟、有人种芋头，用水时间不同，再也不用争水了。

30多年来，特别是最近10年，长汀县水土流失治理取得巨大的成效，水土流失面积减少了70%，项目区植被覆盖率已提高至82%—90%，植物种类已增至17—20科22—26属22—30种，侵蚀模数由1984年的每平方公里15000吨降至每平方公里438—605吨，含沙量由每立方米1.11千克降至每立方米0.17千克。长汀县有6个乡镇95个行政村近17万人受益，初步形成流失区乔灌草多层次的植物群落，鹧鸪、白鹭、野兔等鸟兽重新出现，断流多年的河流又溪水淙淙。[1]

古而往之，文人骚客聚集汀州城，吟诗作画，写尽汀州山水。汀州各处的风景之所以成为名胜，就是因为有文客诗作或于石壁或于著作而广为流传，府志、县志中记载的不下千首。诗中或者直接颂赞山水美好或悲叹萧条荒芜，或者将自己的心情寓于山水之间。汀州知府邵有道作的七言律诗《过何田偶兴》[2]曰："何田无限好禾田，灌溉洪流不断泉，春到青苗盈甫亩，秋来黄稻喜丰年。间阎总总完租税，乡落村村奏管弦。冠盗近来多灭息，汀南赤子亦安眠。"由此可见，河田在明朝时是山清水秀的鱼米

---

① 参见福建省长汀县地方志编纂委员会《长汀县志（唐—1987）》卷18《环境保护》，生活·读书·新知三联书店1993年版，第442—444页。长汀县地方志编纂委员会：《长汀年鉴（2004—2011）》，内部资料，第93页。

② 邵有道为《嘉靖汀州府志》的作者，这部府志完成时间晚于嘉靖六年（1527），而此诗加于府志中，作诗时间应是嘉靖六年左右。明朝嘉靖四年（1525）有大洪灾，大水波及河田，没有几年，河田风景完好如初，且终年都有灌溉，说明明朝时还没有水土流失。参见（明）邵有道总撰《天一阁明代方志选刊续编：嘉靖汀州府志》（下册）卷16《祥异》，上海书店出版社1990年版，第312页；卷17《诗歌赋颂》，上海书店出版社1990年版，第366页。

之乡，有效的山水之治是令人欢喜愉悦的。

综上所述，在长汀县，治山治水是深入人心、顺应民意的事情，只是在战乱和政治运动时期，民意的表达被乱世的恐慌和夺抢所阻拦了；在生活穷困、资源有限、环境脆弱时期，民意的表达被生存的逼迫和争闹所限制；而只有在国家政局稳定、百姓生计得到满足之时，执着追求好山好水、恢复人与自然和谐的颂赞、不计前嫌恢复人与人和谐的饶恕才可以顺利表达出来。

山水之颂，颂在国家政治之安定、经济之发展，赞在当地人民饶恕之宽厚、追求之执着。

第四节 汀州客家人的山水观

汀州客家的先民从北方中原迁移至闽，比福建其他地方的人迁移和定居的时间略迟。他们与其他汉人一样，有相同的文字，承袭中原的门第和礼教观念，长久以来也延续着小农社会的经济制度。但是，他们拥有相对独特的客家方言，更耐贫瘠、艰苦的小农生活，还有"义励廉隅、抗志励节、朴实无华、悍劲伉健、坚韧不拔、勇于反抗"的社会风尚（谢重光，2004）。他们从中原带来了农耕文明，历经历朝历代的乱世或和平，他们的世界观和传统逐渐与当地土著民族、自然环境融合适应。这些观念和传统都是长汀水土流失治理的文化底色，为长汀水土流失治理提供最终的精神支柱。

一 生于山水

长汀县的客家先民从中原带着农耕文明来到山区，历经迁徙之苦，也经过历朝历代的乱世或和平，他们的世界观和传统与当地土著民族、自然环境融合适应。在他们的信仰中，什么都信，信风水、信祖宗（拜祭母亲河）、信自然。除了这些，日常生活中还有很多禁忌（比如上山时听到有人叫名字，不能轻易应答，否则会惹祸上身；爱惜耕牛，不吃牛肉，小牛出生要拜四方草），这些禁忌都和畏惧山地鬼神的信仰有关。因此，长汀县的客家人，特别是老人，对礼俗很是讲究，而且传统的生产与生活方式是顺应自然的——兴农事、重视耕读传家。

二 归于山水

长汀县客家的先民从中原带着农耕文明来到山区，他们知道迁徙之苦，也视前辈为尊，所以他们事死如事生。汀州客家在坟地管理上有如下传统：（1）按姓氏划分坟地山头。（2）按生辰八字寻找坟地方位，即使找到的不是自家私人的山头，对方也会让出坟地的地方。（3）"检金改葬"的习俗，葬后6年到12年间，掘开坟墓，拣骨重葬；迁徙的时候要拣骨带走重葬（南山邓坊村，现在全姓钟，但钟姓族谱上写着，之前是邓姓人在当地首垦，钟姓人要纪念邓姓人的首垦之功，百年之后的今天仍不改村名，而在邓坊甚至都找不到邓姓人的坟墓了，应该是他们合家迁移时拣骨重葬了祖先之墓）。

客家人是"合族而迁，合族而居"。同一姓氏的客家人都是一家人，因为他们有族谱，追根溯源之后同出一祖先，很多姓氏的族谱上，族规都写着"重族义、严教子、贫无诌、富不骄、亲远族、重时祭、宝族谱"。

南山邓坊村中的厉鬼墓，是祭拜无名之尸的墓，埋葬路过该村的无名死者，或者没有子嗣的村民。每年立夏，村里都会有立夏会，志同道合的村民为这些无后的前辈祭扫，至今未断。

山水是长汀客家的归宿，事死如事生的客家人必然要为自己找到好的归宿。

三 为山水奋斗

在风水林的管理方面，很多风水林都修建了寺庙或庙庵，请来各路神明来"守候管理"。除此之外，村里众人有严格的村规民约，林中的非木质林产品，村民可以随意采摘，但是林里的树木不许砍伐，即使倒了的树烂在地里，也不可以私自捡回家；凡是砍伐毁坏一棵林木，不论成幼，不论何人，一律要宰杀其家中最大的生猪，猪肉按户分发，每户几两也分，一户不漏，村民吃此罚肉自然警醒，不敢再去毁坏风水林的一草一木。所以，《长汀县志（唐—1987）》中记载，"建国前……风水林大多为自然村村口或村镇房屋后的自然屏障林，即使在水土流失严重的地方，这部分林木也保护甚好。1950—1952年土地改革中，风水林作为防护林或风景林而保存下来"；但"1958年长汀县城乡大炼钢铁，大烧木炭、乱砍滥伐非常严重。不仅成片原始阔叶林被砍光，有的地方连杉木林、松树林甚至风景林也不能幸免"。也有的地方风水林躲过一劫（比如伯湖、严婆田、邓坊等），都靠当地老者全力保护。20世纪70年代开始，如果发现违规的现象，除了宰杀生猪，还要加以惩罚，如放电影。

在2000年之后，长汀县林业局提议，进行魅力风水林评比，各地的古树名木也贴牌保护下来，最老的树木已有200多年的历史。在政府政策的支持下，汀州客家人的风水林习俗得到更好的保护和传承了。

除了古树名木的保护、风水林的保护，在水土流失治理方面，长汀县客家人已与水土流失打了一场数十年的艰苦战役。2000年的时候崩岗有2000处，通过勤劳之人智慧之事，长汀人以"水滴石穿、人一我十"的精神，对崩岗进行工程处理，防止崩岗恶化，治理效果非常明显。

为保护山水而奋斗，从古至今一直有之，汀州客家人在林木的保护和水土的治理中将这种奋斗精神表达出来，只是表达方式不同——有传统的鬼神崇拜，也有现代的科学措施。

四 为山水而祈福

古人愿意用建亭、栽树来纪念某些大事、人物或心情，赋予山水自然以人文意义。因为"亭"通"停"，古时是驿站，后取"留"的意思，为要留住人或事，以记"安定"。所以，河田人自发筹钱，建起了项公亭，以纪念和感谢项南为长汀县的水土流失治理做出的功绩。

2000年，长江县委县政府向全县发布《倡议书——河田世纪生态园为你留下永恒的纪念》，与长汀县人民一同回忆水土流失治理的历史，并呼吁："事实证明：只要有心治理，措施得力，方法科学，河田等地的光山秃岭是能治理好的……在铁心治理长汀县水土流失的措施中，长汀县委县政府决定……在水土流失极度严重的露湖村，由各界人士自愿捐资种上一棵长青长寿的纪念树……留誉千秋。"栽树代表建立基础，意喻"前人种树后人乘凉"。长汀县的河田世纪生态园，不仅有沿用栽树的古意，且纪念性质的世纪生态园治理了水土流失最严重的地方，表示治理水土流失的决心，除了坚固治理之基础，还留下新的意思，"留誉千秋"。

建亭和栽树，为古人之传统，至今仍用，且在长汀人心中，表示纪念过往、期待未来。树可治水土，也可安人心。

长汀客家人生于山水也归于山水，为山水奋斗也为山水祈福。在不能满足生计之时，好山好水是他们挣扎之中的遗憾；在满足生计之后，好山好水是汀人追求的目标。山水之殇，殇在国家政治和战争之野蛮与贪婪，伤在当地人民生计和民族情结之妥协与抗争；山水之颂，颂在国家政治之安定、经济之发展，赞在当地人民饶恕之宽厚、追求之执着。汀州客家的风俗是当地人朴素的顺时应天、谦逊求真的生存智慧的表达，也是"慎终追远、热情善良、勤劳开拓、耕读传家"的客家人伦传统的体现。客家传统文化与山水的紧密相连为长汀县水土保持和生态建设工作提供了坚实的文化基础与精神支柱。

第十三章 从生态建设走向生态文明

中国共产党第十八次全国代表大会报告指出：建设生态文明，是关系人民福祉、关乎民族未来的长远大计。面对资源约束趋紧、环境污染严重、生态系统退化的严峻形势，必须树立尊重自然、顺应自然、保护自然的生态文明理念，把生态文明建设放在突出地位，融入经济建设、政治建设、文化建设、社会建设各方面和全过程，努力建设美丽中国，实现中华民族永续发展。生态文明建设成为新一届中国政府政治标签之一，这将深刻影响到我国的发展进程。本章在简要介绍生态文明内涵的基础上，以生态文明的视角来审视长汀县生态建设，为长汀县建设生态文明社会提出建议。

第一节 生态文明的内涵

一 人类文明历史演变

文明是人类文化发展的成果，是人类物质和精神成果的总和，是人类社会进步的标志。一般来说，人类文明大体上经历了原始文明、农业文明和工业文明三个阶段。部分学者认为，至上个世纪 60 年代以来，伴随主要工业化大国实现了工业化，生态资源危机加大，人类逐渐进入了一个过渡阶段——反思工业文明，孕育新的文明思想。

在原始文明阶段，普遍运用的工具是石器，物质生产活动主要靠简单的采集渔猎，标志性的发明是火，筑洞建屋、拾叶遮体是主要的成就。人们必须依赖集体的力量才能生存，过着群居的生活。有了栽培作物、驯养动物、铁器陶艺、社会分工、家庭和家族，人类过上了定居的生活，保障了食物供应，历时万年左右。世界有西亚、南美和中国三大主要的农业起源地，为人类现代文明奠定了基础。西亚是小麦与大麦、绵羊和山羊的起源地，产生了两河流域文明，派生出古埃及文明和古印度文明，后来发展为古希腊、古罗马文明，此即西方人的古代文明。美洲是玉米的起源地，形成了美洲的印第安古文明，像玛雅文明、安第斯文明，但是它的影响范围仅限于美洲。中国是小米和大米的起源地。传说"神农氏"尝百草，教人们把野谷子撒在地上，到了第二年，地面上生出苗来，一到秋天，又长成更多谷子。中国由采集、狩猎社会步入了农业文明阶段。中国的文明代表了东方文明，它对周围的国家产生了非常大的影响。

　　中华民族的传统和精神来自于中国农业文明。她体现和贯彻了中国传统的天时、地利、人和以及自然界各种物质与事物之间相生相克关系的阴阳五行思想，精耕细作，轮种套种，天人合一，塑造了中国人民勤劳、智慧、纪律、内修等方面的特质，由此而创造了光辉灿烂的农业文明，使中华民族繁衍生息，使中华文明薪继火传。从另一个角度看，中国农业人口多、耕地相对不足的禀赋逐渐形成了具有满足个人温饱，在一小块土地上自耕自作，无约束、少协作、少交换特点的思想观念和行为习惯，即所谓的小农意识。

　　工业文明是以工业化为重要标志、机械化大生产占主导地位的一种现代社会文明状态。工业化具体体现在生产劳动方式优化、劳动分工精细化、生产规模化、要素市场和贸易全球化，其主要特点大致表现为城市化、法制化、民主化、全球化、信息化、教育普及等。工业文明以人类征服自然为主要特征。气候变化、生物多样性锐减、荒漠化等一系列全球性生态危机告诫人们，工业文明可能将难以持续。

　　生态文明是遵循人与自然和谐规律，推进社会、经济、政治和文化发展的生态化所追寻的目标，是继原始文明、农业文明、工业文明之后的一种新的人类文明形态。改革开放以来，中国作为全球最大的发展中国家，实行主要依赖增加投资和物质投入的粗放型经济增长方式，导致资源和环境的大量消耗和破坏。以习近平为首的新一届党中央认识到资源和环境已经到了极限，或者已经接近极限，中国的资源与环境面临非常严峻的挑战，因此，十八大报告将"生态文明"提升到更高的战略层面。生态文明实践尚处于起步阶段，我们对这个文明阶段的技术、能源、产业、社会组织、空间范围、文明延续以及人与自然关系的哲学定位缺乏深入的探索。笔者根据对上述问题的理解，对原始文明、农业文明、工业文明和生态文明作了一个比较（参见表 13 - 1）。

表 13－1　　　　　　　　　　人类文明及其生计方式的演变

文明形态	原始文明	农业文明	工业文明	生态文明
主要技术	原始技术（石器、木器等）	农业技术（铁器、耕作制等）	工业技术（机器、社会化生产）	信息技术
主要能源	薪材	生物质能源、水力、风力	煤、石油等化石能源	可再生能源
对自然的态度	崇敬、敬畏	模仿、学习	改造、征服	顺应自然
主导产业	采集、渔猎	种植业、手工业	工业、金融业	环境与文化
社会组织方式	家庭、亲族群体	家长制家庭、社区组织	核心家庭、科层制组织	（单）家庭、网络和协同
空间范围	个体和群体的聚集地	村落、区域和国家	国家和跨国组织	全球化
延续的时间	百万年	万年	百年	

二　生态文明的概念和内涵

关于生态文明的定义、内涵等方面的文献浩瀚如海，众说纷纭，我们尚难以提出能被广泛接受的定义。就我国生态文明现有的文献，分析其所采用的生态文明的内涵，我们可以划分为发展话语含义的生态文明、发展实践含义的生态文明和哲学含义的生态文明三种类型。

第一种类型，将生态文明作为我国发展的话语。也就是生态文明的提出，是在反思中国发展历程的基础上，针对当下发展面临的主要问题所提出的一种发展理念。近 30 年来，中国发展话语发生了快速的切换，从以经济建设为中心，到可持续发展的基本国策、循环经济、"两型"（环境友好型、资源节约型）社会，到近期生态文明成为发展的主流话语（荣开明，2011；解振华，2013）。绝大多数媒体、商界、政界人士和部分学者所讲的生态文明都属于这种类型。有少数学者从现实问题出发，触发人类对发展道路以及人类与自然关系、生产方式、消费方式、发展模式、伦理道德等方面的思考，从文明角度深刻反思工业文明成果，走向了人与自然二元结构中的弱人类中心主义理念。如强调人的自觉与自律，追求人与生态的和谐，强调人与自然环境的相互依存、相互促进、共处共融。人类在改造自然的同时必须尊重和爱护自然，而不能随心所欲，盲目蛮干，为所欲为。在工业文明已经取得成果的基础上，用文明的态度对待自然，拒绝对大自然进行野蛮与粗暴的掠夺，建设和保护生态环境，改善人与自然的关系，实现经济社会可持续发展。

第二种类型，在操作层面上解读中央关于生态文明的概念。在中央提出生态文明后，政府、企业、非政府组织和学界等相关主体纷纷介入到对生态文明的解读中，将生态文明建设融入到各层级和各领域的思考和实践中（白杨等，2011；谷树忠等，2013；黄勤等，2015）。例如，发改委、环保部、国家林业局、农业部等与生态文明建设相关的部门，从本部门实际工作需要出发，介入到生态文明的解读中。本世纪第一个 10 年，随着市场经济的发展，中央政府机构中的部门利益问题十分突出。生态文明在一段时间内被解读为环境保护和生态建设的简单加总，延续了环保部和国家林业局的基本部门利益诉求。地方政府也存在类似的问题。党的十八大之后，生态文明建设与经济建设、社会建设、政治建设和文化建设平行重要，被纳入"五位一体"国家发展理念。环保部提出：从宏观战略层面切入，从再生产全过程着手，从形成山顶到海洋、天上到地下的一体化污染物统一监管模式着力，准确把握和自觉遵循生态环境特点和规律，维护生态环境的系统性、多样性和可持续性，增强环境监管的统一性和有效性。在中央一波又一波的反腐行动中，在强调简化行政审批、建立法治国家的大势中，基于本部门或本地区利益的生态文明解读越来越淡化。而许多学者撰写的关于生态文明论文，客观地体现了各级政府或部门的利益诉求。

第三种类型，就是基于人类农业文明、工业文明发展史，思考下一个阶段的人类文明形态。或者说，出于对人类生存和地球安危的担忧，人类在自觉思考并呼吁新的文明形态（俞可平，2005；牛文元，2013）。这主要体现在从哲学思想上反思人类中心主义，反思人与自然的关系，反思二元论以及基于二元论建立起的工业文明体系。人与自然都是生态系统中不可或缺的重要组成部分。人与自然不应当是统治与被统治、征服与被征服的关系，而应当是相互依存、和谐共处、共同促进的关系。

三　生态文明中的中国特色

中华民族对生态文明的贡献主要体现在过去农耕文明时代人与自然关系的一些基本思想，当今在发展战略上的政治承诺、执行效率以及探索适合于本国国情的生态文明之路。

传统上，炎黄子孙崇尚自然主义，敬畏万物而完善自我。道家强调人要以尊重自然规律为最高准则，以崇尚自然、效法天地作为人生行为的基本皈依。强调人必须顺应自然，达到"天地与我并生，而万物与我为一"的境界。庄子把一种物中有我，我中有物，物我合一的境界称为"物化"，也是主客体的相融。这种整体、综合一元论的哲学思想是与支撑工业文明的二元论思想不同的。而生态文明的哲学思考，就是要反思二元论哲学思想，克服人类中心主义，实现人与自然的和谐。1988年，许多诺贝尔奖得主在巴黎集会，一致认为：如果人类要在21世纪生存下去，必须吸取孔子的智慧。中国农耕文明蕴涵的自然观、生态系统观为人类走出工业文明提供了深厚的哲学基础与思想源泉。

在农耕时代，乡规民约成为基层治理的主要形式，而其中充满各式各样关于人与当地自然资源关系的界定。其中部分被记载而成国法。如《逸周书》上说："禹之禁，春三月，山林不登斧斤。"——春天树木刚萌发，不能乱砍。《周礼》说："草木零落，然后入山林。"——等树木落叶了，可进山砍柴。中国儒家生态智慧的核心是德性，尽心知性而知天，主张"天人合一"，其本质是"主客合一"，肯定人与自然界的统一。《中庸》里说："能尽人之性，则能尽物之性；能尽物之性，则可以赞天地之化育；可以赞天地之化育，则可以与天地参矣。"儒家的生态伦理，反映了对宽容和谐的理想社会的追求。

尽管发达国家比发展中国家更有能力和社会基础建立一个更加亲自然的绿色社会，但在美国、英国、澳大利亚、加拿大等追求自由生活方式、主张全球化和自由贸易的国家存在着路径依赖，难以形成主流的反思和社会运动，难以形成政治决策推动生态文明或者类似的亲自然的发展战略。而在中国，为了扭转不可持续的发展模式，生态文明建设成为中国新一届中央政府政治承诺之一。我国把生态文明建设提升到与经济建设、政治建设、文化建设、社会建设并列的战略高度，从政治、制度、社会和文化全方面主动直面资源环境约束，这显然与我国源远流长的治国思想和治理体制有着一脉相承的关系。在漫长的历史长河中，在中国这片疆域广袤、水灾旱灾频繁、人口众多、战乱频仍的土地上，逐步形成了中华文明悠久灿烂的民本思想和治山治水治国的理念、高度成熟的官僚体制，构成了传统国家治理的基本政治思想和组织体系。这套体系强调政府对民众的需求进行回应、治山治水与治国的合法性联系以及专业化和分工有序的官僚队伍所具备的强大的组织、动员和协调能力。"政之所兴，在顺民心。政之所废，在逆民心"、"民唯邦本，本固邦宁"、"水能载舟，亦能覆舟"等思想延绵千年，得到了广泛的认同，贯穿于一系列制度安排并根植于深层次的文化意识中，在当下的国家治理中仍能处处感受到其痕迹和影响，如强调"以民为本"、"立党为公、执政为民"。这套政治思想和治理安排确保了国家意志、官僚制度和老百姓的利益诉求保持一致，并赋予了国家在应对挑战时有能力及时对人民切身的利益诉求进行回应。尽管这一套政治思想和治理制度有不少不足之处和需要改进的地方，但它们构成了中国生态文明建设的思想和治理基础，需要在新时期不断地扬弃并适应于生态文明建设。

中华民族历来注重在实践中变革创新，找到并形成适合于自己的发展道路。世界上没有放之四海而皆准的发展道路和文明模式，生态文明建设也是如此。中国强调依据人民的意愿，在实践中立足本国历史和国情，兼收并蓄、广泛借鉴人类的优秀文明成果，做到既不故步自封，也不盲从照搬，在实践中不断完善，在发展中不断变革，从而探索适合于本国国情的发展道路。这种基于问题和实践导向的哲学，为人类解决日益复杂的环境和发展难题提供了有别于西方文明的发展思路，必将丰富人类社会对生态文明的探索。

第二节　社会经济视角下的长汀经验解读

习近平总书记要求"要总结长汀经验"（转引自陈丽珠，2015）。国家林业局将长汀县水土流失治理经验归纳为"实行大面积封禁与小面积治理、生物措施与工程措施、防护林与经济林等多种综合治理模式"；水利部将其总结为"探索出一条适合当地实际、工程措施与生物措施相结合、人工治理与生态修复相结合、生态建设与经济发展相结合的水土流失防治之路"。长汀县政府给出的回答是"政府主导、群众主体、社会参与、多策并举、以人为本、持之以恒"的治理经验，长汀人将之提升为"滴水穿石，人一我十"的长汀精神。生态文明建设不仅要遵循自然科学规律，还要重视符合和顺应社会和经济发展的规律。本书从社会经济视角，从技术模式及其变迁、地方治理体系和治理能力建设、森林景观恢复、森林转型和文化五个方向总结长汀经验，形成了以下基本观点。

一　致力于协调生态和人的需求

长汀的生态建设不仅是自然生态系统、景观格局的重建过程，也是社会经济系统的重建过程，更是一个自然系统与社会经济系统相互促进和双向调节，进而达到和谐的自然—社会系统的过程。在生态建设中，致力于协调生态和人的需求是长汀人民和政府的一致愿景，并得以持之以恒地坚持。

治理水土，先治山林。森林植被破坏是导致长汀县水土流失的直接原因，长汀的水土流失治理以恢复森林植被为切入点，采取植树造林、封山育林、低效林改造等植被恢复措施，将裸露的荒山变成郁闭葱茏的蔚蔚青山，以实现水土流失的治理。

治理山林，先治贫困。世代深受水土流失之苦的长汀人民意识到水土流失的治理必须与反贫困、地方发展、农民致富相结合。百姓富才能生态美，政府和农民在地方发展、农民致富上达成了一致的共识，引导转变当地的生计模式、统筹经济与生态效益，是决定长汀水土流失区森林景观恢复取得成功的关键。为此，长汀从以下三方面入手：一是调整能源需求结构，采取积极有效的措施引导农民和各级政府、企事业单位用煤、用电代材。二是进行产业结构的调整，发展纺织服装、稀土深加工、机械电子等产业，提供非农就业机会，转移水土流失区剩余劳动力，以减轻生态承载压力和水土流失治理压力。三是发展果业、养殖业、农副产品加工业等农林复合经营以及特色农业、生态旅游，以森林景观恢复的方式使百姓脱离贫困、提高收入水平，摆脱当地贫困人群对自然资源的经济依赖。

二　顺应社会经济发展的客观规律

历史上，长汀县是州郡路府所在地，八闽客家首府，客家文化要地。由于汀州通航推动木材贸易兴起、战乱、人口增长等因素，县域内森林植被退化或遭到破坏，生态恶化，部分区域水土流失十分严重。30 多年来，长汀县把光秃秃的山变成绿水青山，一个重要的经验就是顺应了社会经济发展的客观规律。

30 多年来，长汀县以问题为导向，把解决群众烧柴、增加群众收入、缓解贫困作为切入点，遵循经济社会发展与生态建设的科学规律，科学合理地协调植被恢复与农业转型、劳动力非农迁移、能源转型、水土流失治理政策等的关系。水土流失治理之后，长汀的青山绿水、花果飘香又顺应和促进了全社会生态型服务和产品的不断需求，奠定了生态文明建设的景观和经济基础。

长汀县森林转型遵循经济发展与政策路径。经济增长对于长汀县植被恢复与水土流失治理有重要影响，其中主要包括劳动力转移、农村能源结构的变化、农业结构转型三个元素。经济发展减轻了农民生活和生计对森林资源的依赖，为森林的恢复与增长提供了坚实的基础与良好的外部环境。而伴随经济的发展，政府的作用由直接投资转为激励引导，如对农民和社会主体发展经济林进行政策与资金的扶持，经济的增长也使农民有了投资林业、进行林业可持续经营的愿望。经济增长所引发的劳动力转移、能源升级、技术发展、生态需求等则巩固了植被恢复的成果。同时，水土流失治理不仅使荒山变果园、农民生计改善，山更绿、水更清又形成了地方生态经济发展的生长点。

促进植被恢复的政策如造林与水土保持治理，直接促进了森林面积的增长。在长汀县森林转型的前期阶段，政策的作用尤为重要，因为一方面，迅速恢复山地植被具有很大的外部性，个体农民没有足够激励进行投资；另一方面，水土流失治理与植被恢复的初始投资很大，在经济尚未充分发展时期，林农没有能力进行投资。政策投入是长汀县能够在人均收入水平较低的情况下实现森林恢复的最主要驱动力。因此，在长汀县森林转型的过程中，政策与经济增长两大驱动力相互契合、有机统一，植被恢复政策的发展符合社会经济发展的客观规律。

另外，森林转型理论的稀缺路径，土地利用集约化路径或过密化路径对长汀森林植被恢复也有一定的解释能力。民众和政府均体验到生态贫瘠是贫穷的根源，而生活改善的民众更希望拥有青山绿水。在森林转型的早期，薪材的供应明显不足，会在一定程度上激发政府和群众植树造林的积极性。在改革开放后的30余年中，长汀县经历了发展商品农业、发展特色经济、发展工业，到今天强调发展以绿色旅游业为主导的第三产业，走过了从劳动力富裕到劳动力相对稀缺，从劳动力工资长期增长缓慢到近期大幅快速增长的变化历程。长汀县森林转型早期，为了解决劳动力就业问题，增加土地利用的过密化，追求单位面积土地产出的增长，也就是说过密化路径对减少森林植被的破坏、促进森林面积增长有一定的解释能力。

而到了近期，随着劳动力工资大幅上升，种植园式的经济林、农林复合经营等土地利用过密化的技术将失去经济竞争力，农业边际土壤将不断退出种植园管理，而逐渐恢复为森林植被。

三　政府主导生态建设事业

家庭承包责任制恢复了农户作为基本的经济生产组织。伴随着市场经济发展和中国经济的成长，农民的生产决策日趋基于经济效益高低。这一方面促进了农村私人产品的供给，另一方面也使农村内部供给公共产品的能力受到严重削弱，无法动员组织起大规模劳动力从事艰巨的生态建设任务；作为山区贫困县，政府分权改革弱化了长汀县政府治理水土流失的财政能力，经济发展作为第一要务又有将水土流失治理边缘化的风险，水土流失持续恶化趋势看似不可避免。然而，长汀县政府"逆势而上"，充分顺应和利用改革开放赋予的整体政策、组织和技术优势，创新土地产权制度，实行财税优惠，推动开发性治理，推动工业、能源和农业结构转型，培育农村内部力量和市场主体、社会公众参与水土流失治理，很快扭转了水土流失恶化的趋势，水土流失得到有效缓解，地方经济和农民生活水平得到显著提高。

长汀县政府发挥主导和协调作用，较好地处理了治山、治水和治贫，政府、社会和市场这两对重要的关系。长汀县水土流失历史之久、面积之广、影响人口之多、危害之大决定了水土流失治理作为一项社会系统工程、政治工程、民生工程，需要协调治山、治水和治贫相结合，政府引领和社会参与相结合。长汀县政府不惧怕严峻的水土流失危机和治理压力，而是迎难而上，充分利用上级政府的各种项目扶持，加强自身的组织化建设、技术化和专业化治理，构建社会参与的政策和激励，从而引领全社会共同参与，有效地应对了水土流失、分权改革对政府治理能力的考验，不愧为长汀县水土流失治理的中流砥柱。长汀县治理水土流失的成功经验表明，在解决生态问题时，地方政府不能毫无作为，也不是一味地、盲目地大包大揽、任意施为，而是要科学、有界线、法治和专业化治理，统筹均衡。同时，要有效地发挥上级政府、地方政府、治理部门、其他部门、市场主体和科研机构的优势，实现治理工作从短期化、经济化、政治化和单一化向法治化、专业化、技术化和社会化转变。

四　纵向协调是长汀长期坚持生态建设的重要制度保障

在治理过程中，长汀县探索和构建了一个各级政府、各部门和科研机构共同参与、高效协调的政府治理机制——省市县三级的协调机制、县政府领导下的跨部门协调机制、专业化的水土流失治理部门（水保局、林业局）、县乡村三级治理队伍和内外合力的科研合作关系，形成了目标责任制、项目管理制度、科研合作制度等各种专业化、技术化的治理安排和手段。各级政府及其部门各司其职、各尽其力——上级政府提供资金和政策支持、地方政府统筹组织、主管业务部门专业化治理、相关部门各献其力、乡镇政府和村级组织积极落实，形成了强大的水土流失治理和生态建设能力。这为我国水土流失治理和生态建设治理体系和能力建设的探索和完善提供了良好的典范和经验。

五　探索出实事求是的公众参与方式和多元生态治理

面对政府分权改革、市场化改革、家庭承包制改革的制度环境，长汀县积极打造生态建设基层治理体系，积极推动公众参与，为私有企业参与生态建设提供优惠政策，保障当地社区在生态建设中优先受益权，推动公民社会的介入，为企业集团和各界人士承担社会责任提供平台，建立了公仆林、青年世纪林、巾帼林等一批示范林，实现了政府一元治理向社会多元治理的转变，丰富了生态建设的内涵。在这一进程中，各级政府着力推动不同部门间的政策和项目措施协调，以保障生态建设的连续性和政策措施的协调，保障各社会主体参与生态建设政策的延续性和稳定性。

六　整体的技术解决方案和重视科学技术本土化

面对外部环境的不确定性、行动者的认知和经济条件的限制，长汀不断探索、试验、纠正、归纳总结出整体的技术解决方案。在 30 余年的大规模生态建设实践中，长汀经历了 80 年代的植树造林——90 年代经济林发展——本世纪初农林复合经营发展的历程。在每一个阶段，均有标志性的核心技术方案，比如植树造林阶段的大封禁，因经济林发展而兴起的杨梅产业，本世纪以来各种生态经济型农林复合经营组合而成的"反弹琵琶"等。

30 多年来，总体来看，围绕群众生计改善和水土流失治理技术开展技术创新，搭建了以政府为主导，大学、科研院所、科技公司、社区群众共同参与的技术创新机制，为长汀县水土流失治理和植被恢复的成功提供了技术保障。

长汀县建立起专业化、技术化、市场化的治理力量，而这一核心治理力量是由当地人、当地的"土"专家组成的。他们对当地有感情，扎根于当地的传统文化、传统知识和具体的社会经济条件，又大胆引进外来科技和人才，基于实践的检验、革新而非书本、理论和宣传。他们积极与现代知识相结合，引智筑巢，立足本地、"土洋"结合、为我所用，又不迷信和盲从外来技术，在一定程度上减少了某些大、高、洋外来技术的干扰，避免了政府主导技术研发和应用可能带来的不计成本、不计效果和不切实际等问题。

七　嵌入当地人民的文化传统

客家传统文化与山水的紧密相连为长汀县水土保持和生态建设工作提供了坚实的文化基础与精神支柱。长汀县境内古树名木、风水林、水源林、坟山管理风俗是长汀县人民朴素的顺时应天、谦逊求真的生存智慧的表达，也是"慎终追远、热情善良、勤劳开拓、耕读传家"的客家人伦传统的体现。

水土流失、山河破碎是朝代更迭、兵家相争、民不聊生的无奈之果；在国家安定、经济发展、百姓相安的和平时期，长汀人民努力追求与人和睦、与自然和谐。在追求生存满足和发展的同时，开展了声势浩大、持之以恒的水土流失治理工程。

此后，长汀人沿袭传统，建亭和栽树，以纪念过往、期待未来，既治水土，也安人心。长汀县30多年生态建设成功之路，体现了中华民族"天人合一"的理念和中华儿女艰苦奋斗的优秀品质，蕴含着人与自然和谐的思想，秉持了治山治水治国、执政为民的传统。

第三节　前进中的长汀生态文明建设

2011年12月和2012年1月，习近平同志两次对长汀水土流失治理作出批示，指出，长汀曾是我国南方红壤区水土流失最严重的县份之一，经过十余年的艰辛努力，水土流失治理和生态保护建设取得显著成效，但仍面临艰巨的任务。长汀县水土流失治理正处在一个十分重要的节点上，进则全胜，不进则退，应进一步加大支持力度（转引自陈丽珠，2015）。中央、福建省、龙岩市有关部门领导先后到长汀调研指导水土保持和生态文明建设工作，国家水利部、林业局和福建省委、省政府分别在长汀召开了总结推广长汀水土流失治理经验座谈会、全国林业厅（局）长会议、全省水土保持生态建设现场会。长汀县认真贯彻落实党的十八大精神和习近平同志重要批示精神，将生态文明建设融入经济、政治、文化、社会建设各方面和全过程，掀起了新一轮生态文明建设的浪潮。

长汀县政府把生态文明建设放在突出地位，坚持"生态立县、工业强县、农业稳县"的发展战略和"生态建设产业化、产业建设生态化"的发展理念，把生态文明建设作为统领各项工作的"一号工程"来抓，将水土流失综合治理、整体生态保护、改善人民生活三者结合起来，推进新一轮水土流失综合治理和生态县建设。一方面，长汀将水土保持生态建设纳入国民经济和社会发展规划，继续推进生物措施、工程措施和农业技术措施相结合，加快水土流失治理力度。由于剩余的水土流失地都是难啃的"硬骨头"，林分结构比较单一，生态功能比较脆弱，长汀水土流失治理任务还十分艰巨。在中央、福建省和龙岩市的高度关注和大力支持下，各种专项和配套政策、项目、资金陆续到位，长汀水土流失治理全面提速，2012 年后，全县又累计治理水土流失面积 2 万多公顷。2013 年，为了鼓励水土流失区农户彻底改变烧柴草的习惯，长汀扩大了对水土流失区农户生活用电补助，对水土流失区 7 个重点乡镇农户生活用电每度补助 0.2 元，其他 10 个乡镇每度补助 0.05 元，以进一步巩固水土流失治理成果。

另一方面，将水土流失综合治理、整体生态保护、绿色经济发展和人民生活改善紧密结合起来，全面推进生态示范县建设。结合新型工业化、信息化、城镇化和农业现代化同步发展的道路，工业、农业和服务业等各行业，城市、园区、企业和村庄各层面，竞相以培育和打造生态、绿色经济为重要任务，实现绿色转型：积极推动纺织、稀土和机械电子等主导产业"绿色转型"，加快水土流失区人口转移，减轻生态承载压力和水土流失治理压力；整合并提升油茶、杨梅、银杏产业，积极引导农民和其他社会力量发展林下经济、花卉苗木、观光农业等生态产业，推动绿水青山成为金山银山，释放出巨大的"生态红利"；整合历史文化、红色、生态等旅游资源，实施"一江两岸"景观修复工程、三洲湿地公园建设、南坑乡村旅游等项目，大力发展名城旅游、红色旅游、生态旅游、乡村旅游；加快推进新型城镇化建设和生态建设，按照生态文明、美丽乡村的要求，开展省级园林县城、省级卫生县城创建和城乡环境综合治理，推进小城镇建设和美丽乡村建设；开展水土保持和生态文明知识进农村、校园、企业、校园和机关活动，高水平打造水土保持科教园、三洲湿地公园等生态文化载体，创作并拍摄以长汀水土流失治理为题材的电视剧《永不褪色的家园》，在全社会中宣传和培育生态文化。

作为福建省经济欠发达县，长汀处于工业化、城镇化与生态建设同步发展的时期，综合经济实力尚弱，经济社会发展资金缺口大，上级财政专项和转移支付成为长汀生态文明建设的主要资金来源。这与水土流失治理的历史情境极其类似。在生态文明建设时期，长汀的生态文明建设和经济发展受到双重约束：一方面，不断受到来自中央政府的生态约束和引导，如各种与生态文明建设相关的制度、政策和项目，并通过管理体制自上而下地推行；另一方面，过去30多年地方政府的治理惯性仍然无所不在，长汀经验的路径依赖十分强大。这两个约束对长汀推进生态文明建设既产生了积极的影响，也蕴藏着一定的风险。借助现有的水土流失治理经验，长汀生态文明建设表现出极强的动员、组织和执行能力，使生态文明建设得到快速的推进。然而，长汀水土流失治理的经验和教训形成于工业化时期，生态文明建设对生态、经济、政治、社会和文化建设都提出了全方位的更高要求，在新的历史时期如何敢于探索、兼收并蓄、发扬并革新长汀经验成为长汀生态文明建设面临的巨大挑战。

第四节　长汀经验的反思

长汀经验，之所以是经验，而不是模式，关键是深深刻入了时代的烙印。在一个变革的年代，在一个社会快速变迁的年代，在一个摸石头过河、崇尚抓到老鼠就是好猫的岁月中，长汀人民没有辜负这个时代所带来的机遇。而正因为此，长汀经验需要总结，更需要反思。这样才能为生态文明建设、实现中国梦增添正能量。

一　人与自然的关系

从生态哲学上看，长汀人体验到了人是生态恢复最重要的力量，基于以人为中心的思想处理人与自然的关系，突出了领导重视、技术力量、资金保障在生态恢复中的作用。我们还需要进一步体会我国道法自然学说的深刻内涵。在生态文明建设中，人类需要多点道法自然的传统，少点人定胜天的霸气。

在理念上，我们还是要反复思考国际上已有的共识，那就是密切森林与当地人民的关系，这也是长汀经验重要的组成部分。1978 年在雅加达举行的第八届世界林业大会的主题为"森林为人民"，强调林业的发展必须与山区开发和消除农民贫困相结合。社会林业，作为新的森林经营思想，核心内容包括森林经营必须和乡村发展紧密联系，社区农民必须积极参与森林经营活动并受益，应当进行土地权属、利益分配等社会制度方面的改革，以密切森林经营和社区人民的利益关系。社会林业试图改变传统森林管理脱离乡村发展实践的传统，鼓励林业应与农牧相结合，林业活动应当有广大农民的参与，使他们感到林业既是他们的工作，又是他们本身的利益所在，简言之，"森林为人民服务"，"森林由人民管理"，"森林是人民的利益"。各级政府和各个部门在制定政策和项目具体实施措施时，需要反复推敲如何才能促进植被恢复以及水土流失治理的实践，而不是脱离当地人的生产与生活。生态建设不是一般意义上类似"高铁"、"高速公路"建设那样的资本和技术密集型的投资项目，应当强调生态建设就是一项民生工程，必须紧密联系当地人的文化、生活、情感、组织、乡村规则和社会网络。

二　生态文明与经济建设

作为老区、山区、贫困地区，长汀县具有迫切发展经济、改善人民生活的愿望。把经济发展作为地方政府重要工作本无可厚非。我们认为，把生态文明的理念贯彻到长汀经济发展中还缺乏足够的行动。在一定程度上，长汀经济发展还是基于不顾生态条件，或者认为生态资源足够富余的错误认识。经济发展和生态文明建设还是两张皮，在一定程度上还是"经济逆生态化、生态非经济化"的传统做法。这客观地反映在产业结构并没有走向合理，而招商引资企业难以很好地融入到当地人民生活的改善和生态文化的维护中。经济资源的占有和管理趋向于亲资本，而不是实施产业生态化、消费绿色化、生态经济化等战略。

应当看到，长汀生态建设顺应了社会经济发展的大势，长汀人摸到了"石头"、抓住了"猫"。这并不是说，过去长汀人的成功没有谋划、没有战略。如文中所强调的，长汀人善于做规划，善于把规则制度化。然而，我们认为，长汀人非常善于战术层面的规划和谋划，而战略层面的规划或谋划还有待于进一步的提高。以例为证：在地化的研发是长汀经验最重要的组成部分。长汀县水土流失治理和植被恢复技术变迁方向一直围绕水土保持和单位面积土地产出的最大化，过密化农业技术成为研发的主导方向。2005年以来，长汀农业劳动力数量快速下降，农业处在去过密化的过程中，而过密化技术，如农林复合经营依然是部分科研单位着力研究的内容。当下技术研发的方向存在路径依赖，大势变了，而战略没变。长汀植被恢复和水土流失治理比较依赖政府投入，政府需要探索适度退出生态建设的第一线，而推动企业、合作社、农户成为植被恢复和水土流失治理一线的主要力量：对承包大户和林业企业的扶持要从开发性扶持转向经营性扶持，降低其经营性风险，形成特色品牌，防止因管理不善、投资损失而带来的二次水土流失；政府需要给予市场、社区和农民更大的空间，逐步回归预防、监管和服务的职能，让市场在治理中发挥更大的作用，进一步巩固和保障农民和投资者的参与和权益，构建地方生态环境公共服务体系。

三 生态文明与政治建设

长汀县政府主导下的社会参与有力地配合了政府和市场对水土流失的治理，使之成为生态建设的重要组成部分，提高了全社会的生态环保意识。然而，我们必须清醒地看到，长汀县生态建设依赖于政府的推动以及从上至下的社会动员，自发性的社会组织和自觉性的参与不多，农村社区和公众的参与程度还不够。生态建设规划、项目和具体活动的计划、实施和评估普遍采用传统的方法，社区参与有待于进一步开发。水土流失治理需要有广大农民的参与，需要鼓励他们参与到规划、项目和具体活动的设计和实施中，并使他们从项目的实施中得到更多的就业和培训机会，增强他们的能力并改进他们现有的生产和生活方式。各种治理项目还应当考虑到对所在社区中的穷人和富人、在家农民和外出务工农民等不同群体的影响，并将利益分配向社区中的弱势群体倾斜。政府在财政投资项目的设计和实施中需要将水土流失治理和农业、社区的可持续发展以及当地人能力建设有机结合起来，不能只是单一的工程措施或植树种果。创造环境和条件让社会自我组织、自觉参与生态建设，仍然是长汀县从生态治理走向生态文明所面临的重大挑战。

长汀县水土流失治理的政府主导有它的合理性——发挥政府集中力量办大事的优势，实施公司化运作，以成本效益最佳的方式治理水土；引进市场的力量，发挥市场和农民两者的积极性，政府、农民和市场三者之间形成一定的联系。与此同时，还需要进一步完善长汀县生态建设的治理体系和能力建设，需要明确那些经实践检验有效的政府间和部门间的协调机制和框架，使它们稳定下来、常态化并加以完善，使上下级政府、部门间形成共建生态文明的合力；纵向协调很好，横向整合尚有很大的空间，多中心治理还没有形成，应加强政府部门专业化、制度化、法治化和科学化的治理能力，尊重生态建设的规律，避免短期经济化、政治化对生态建设的干扰；明确政府与市场、农民之间的界线，政府逐渐回归到预防、监管和服务的职能，该交还市场治理的就交还市场，实现还权于民。

四　生态文明与文化建设

谋事在人，顺应天时，这是客家的传统文化，有其生存智慧。而这样的文化塑造了一群扎根本土的治理队伍，这是宝贵的财富。我们不能不认识到：传统风俗，包括崇拜（包括风水林）、家族（包括古树的保护）、朴素乡风民俗在生态建设中都发挥了十分重要的作用。

然而，顺应自然、尊重自然这个理念还没有完全融入、嵌入政府治理和人民日常行为的规范中去。坚韧不拔、锲而不舍、艰苦奋斗的水土流失治理精神如何嵌入到客家耕读文化中去，形成一种新的文化形象，尚需进一步努力。近年来强调气势恢宏，更多突出了精英文化、官僚文化，而忽视了扎根于人民日常生活中的传统文化、草根文化，而正是这些传统文化、草根文化，体现了客家人治山治水的智慧，因此，要下大力气抓好生态文明与传统文化建设。

五　生态文明与社会建设

社会建设的核心问题是保障民生、民主和法制。生态环境质量是保障生命质量和生活质量的最基本的民生。生态文明建设水平高,作为基本民生需求的环境权益就维护得好。长汀需要进一步完善生态文明建设法律体系的建设,尤其要着力于乡规民约建设;需要促进发展环境导向的公民社会的发育,推动公众参与生态文明建设。

走向生态文明,建设美丽中国,是实现中华民族伟大复兴的中国梦的重要内容。生态文明建设前无古人,尚没有形成成熟的理论、方法和具体措施,长汀县的生态建设成就举世瞩目,我们期待着长汀县能按照尊重自然、顺应自然、保护自然的理念,把生态文明建设融入经济建设、政治建设、文化建设、社会建设各方面和全过程中去,在生态文明建设实践中再创丰碑!

参考文献

[1] Allen, J. C. , Barnes, D. F. , 1985. "The Causes of Deforestation in Developing Countries". *Annals of the Association of American Geographers* 75, 163 – 184.

[2] DeFries, R. and Pandey, D. , 2010. "Urbanization, the Energy Ladder and Forest Transitions in India's Emerging Economy". *Land Use Policy* 27: 130 – 138.

[3] Baldwin, A. D. et al. *Beyond preservation: restoring and inventing landscapes.* U of Minnesota Press, 1994.

[4] Barbier, E. B. , 2001. "The Economics of Tropical Deforestation and Land Use: an Introduction to The Special Issue". *Land Economics* 77 (2): 155 – 171.

[5] Barbier, E. B. , 2004. "Explaining Agricultural Land Expansion and Deforestation in Developing Countries". *American Journal of Agricultural Economics* 86: 1347 – 1353.

[6] Barbier, E. B. , Burgess, J. C. , 2001. "The Economics of Tropical Deforestation". *Journal of Economic Surveys* 15 (3): 413 – 433.

[7] Bhattarai, M. , Hammig, M. , 2001. "Institutions and the Environmental Kuznets Curve for Deforestation: a Cross-country Analysis for Latin America, Africa and Asia". *World Development* 29 (6): 995 – 1010.

[8] Cao S, Zhong B, Yue H, Zeng H, Zeng J, Daily GC. "Development and Testing of a Sustainable Environmental Restoration Policy on Eradicating the Poverty Trap in China's Changting County". *Proceedings of the National Academy of Sciences of the United States of America*, 2009, 106 (26): 10712 – 10716.

[9] Combes Motel, P., Pirard, R., Combes, J. L., 2009. "A Methodology to Estimate Impacts of Domestic Policies on Deforestation: Compensated Successful Efforts for "Avoided Deforestation" (REDD)". *Ecological Economics* 68 (3): 680 –691.

[10] Cropper, M., Griffiths, C., 1994. "The Interaction of Population Growth and Environmental Quality". *The American Economic Review* 84: 250 –254.

[11] Culas, R. J., 2012. "REDD and Forest Transition: Tunneling through the Environmental Kuznets curve". *Ecological Economics* 79: 44 –51.

[12] Fairbairn, J., 1996. *The Forest Transition in France: Modeling the Forest Transition*, Working Paper5, Department of Geography, Universitiy of Aberdeen.

[13] FAO, 2006. *Global Forest Resources Assessment 2005* . In: FAO Forestry Paper 147. FAO, Rome.

[14] Foster, A., Rosenzweig, M., 2003. "Economic Growth and the Rise of Forests". *The Quarterly Journal of Economics* 118: 601 –637.

[15] Gan, J., McCarl, B. A. 2007. "Measuring Transnational Leakage of Forest Conservation". *Ecol Econ* 64: 423 –432.

[16] Gao, T. 2005. "Foreign Direct Investment and Growth under Economic Integration". *Journal of International Economics* 67: 157 –174.

[17] Graeme Lang. "Forests, Floods, and the Environmental State in China". *Organization & Environment*. 2002 (15)

[18] Grainger, A. 2008. "Difficulties in Tracking the Long-term Global Trend in Tropical Forest Area". *Proceedings of the National Academy of Sciences* 105 (2): 818 –823.

[19] Grossman, G. and Krueger, A., 1995. "Economic Growth and the Environment". *Quarterly Journal of Economics* 60: 353 –377.

[20] Hecht, S. B., Kandel, S., Gomes, I., Cuellar, N., Rosa, H. 2006. "Globalization, Forest Resurgence, and Environmental Politics in El Salvador". *World Development* 34: 308 –323.

[21] Jorgensen, A. K. 2008. "Structural Integration and the Trees: an Analysis of Deforestation in Less-developed Countries, 1990 –2005". *The Socio-*

logical Quarterly 49: 503 - 527.

[22] Kauppi, P. E. et al. , 2006. "Returning Forests Analyzed with the Forest Identity". *Proceedings of the National Academy of Sciences* 103: 17574 - 17579.

[23] Klooster, D. , 2003. "Forest Transitions in Mexico: Institutions and Forests in a Globalized Countryside". *The Professional Geographer* 55: 227 - 237.

[24] Koop, G and Tole, L. 1999. "Is There an Envioronmental Kuznets Curve for Deforestation?" *Journal of Development Economics* 58: 231 - 244.

[25] Kull, C. A. , Ibrahim, C. K. , Meredith, T. C. 2007. "Tropical Forest Transitions and Globalization: Neo-Liberalism, Migration, Tourism, and International Conservation Agendas". *Society & Natural Resources* 20: 723 - 737.

[26] Lambin, E. F. , Meyfroidt, P. 2010. "Land Use Transitions: Socio-ecological Feedback versus Socio-economic Change". *Land Use Policy* 27: 108 - 118.

[27] Lambin, E. F. , Meyfroidt, P. 2011. "Global Land Use Change, Economic Globalization, and the Looming Land Scarcity". *Proceedings of the NationalAcademy of Sciences of the United States of America* 108: 3465 - 72.

[28] Lafferty, William M. and James M. Meadowcroft (2000) (eds.), *Implementing Sustainable Development: Strategies and Initiatives in High Consumption Societies*, Oxford: Oxford University Press.

[29] Lenschow, Andrea (1997), "Variation in EC Environmental Policy Integration: Agency Push Within Complex Institutional Structures", *Journal of European Public Policy*, Vol. 4, No. 1, pp. 109 - 27.

[30] Lenschow, Andrea (1999), " 'The Greening of the EU: the Common Agricultural Policy and the Structural Funds', Environment and Planning C": *Government and Policy*, Vol. 17, pp. 91 - 108.

[31] Maginnis, Stewart, Jennifer Rietbergen-McCracken, and Alastair Sarre, eds. *The forest landscape restoration handbook.* Routledge, 2012.

[32] Mansourian S, Vallauri D, Dudley N. *Forest restoration in landscapes.* Springer and WWF, 2005.

[33] Mather, A. S. , 1992. "The Forest Transition". *Area* 24: 367 – 379.

[34] Mather, A. S. , 2007. "Recent Asian Forest Transitions in Relation to Forest Transition Theory". *International Forestry Review* 491 – 501.

[35] Mather, A. S. , Fairbairn, J. , 2000. "From Floods to Reforestation: the Forest Transition in Switzerland". *Environment and History* 6 (4): 399 – 421.

[36] Mather, A. S. , Needle, C. L. , 1998. "The Forest Transition: a Theoretical Basis". *Area* 30: 117 – 124.

[37] Mather, A. S. , Needle, C. L. and Fairbairn, J. , 1999. "Environmental Kuznets Curve and Forest Trends". *Geography* 84 (1): 55 – 65.

[38] Meyfroidt, P. , Lambin, E. F. 2009. "Forest Transition in Vietnam and Displacement of Deforestation Abroad". *Proc NatlAcadSci USA* 106: 16139 – 16144.

[39] Meyfroidt, P. , Rudel, T. K. , Lambin, E. F. 2010. "Forest Transitions, Trade, and the Global Displacement of Land Use". *Proceedings of the National Academy of Sciences of the United States of America* 107: 20917 – 22.

[40] Michon, G. , de Foresta, H. , Levang, P. , Verdeaux, F. , 2007. "Domestic Forests: a New Paradigm for Integrating Local Communities' Forestry into Tropical Forest Science". *Ecology and Society*12, 1 (online) .

[41] Nagendra, H. 2007. "Drivers of Reforestation in Human-Dominated Forests". *PNAS.* 104 (39): 15218 – 15223.

[42] Oi Jean. "The Role of the Local State in China's Transitional Economy". *China Quarterly*, 1995 (144) .

[43] Palo, M. , 1994. "Population and Deforestation. In: Pearce, D. , Brown, K. _ Eds.. , The Causes of Tropical Deforestation". *UCL Press*: 42 – 56.

[44] Rudel, T. K. et al. , 2005. "Forest Transitions: towards a Global Understanding of Land Use Change". *Global Environment Change* 15: 23 – 31.

[45] Smith, W. B. , Miles, P. D. , Vissage, J. S. , Pugh, S. A. 2002. *Forest Resources of the United States*, General Tech Rep NC – 241 (US Department of Agriculture, Forest Service, North Central Research Station, St. Paul,

MN）.

［46］Tole, L. , 1998. "Sources of Deforestation in Tropical Developing Coun-
tries". *Environmental Management* 22：19 – 33.

［47］Uddin, S. N. , Taplin, R. , Xiaojiang, Y. , 2007. "Energy, Environ-
ment and Development in Bhutan". *Renewable and Sustainable Energy Re-
views* 11：2083 – 2103.

［48］Underdal, Arild（1980）, "Integrated Marine Policy：What? Why?
How?", *Marine Policy July*, pp. 159 – 69.

［49］Wang, S. , Liu, C. , and Wilson, B. , 2007. "Is China in a Later Stage
of a U-shaped Forest Resource Curve? A Re-examination of Empirical Evi-
dence". *Forest Policy and Economics* 10：1 – 6.

［50］William Lafferty and Eivind Hovden（2003）"Environmental policy inte-
gration：towards an analytical framework", *Environmental Politics*, 12：3,
1 – 22.

［51］Wittemyer, G. , Elsen, P. , Bean, W. T. , Burton, A. C. , Brashares,
J. S. 2008. "Accelerated Human Population Growth at Protected Area Ed-
ges". *Science* 321：123 – 126.

［52］Xi, Weimin, Huaxing Bi, and Binghui He. "Forest landscape restoration
in China. " *A Goal-Oriented Approach to Forest Landscape Restoration.* Spring-
er Netherlands, 2012. 65 – 92.

［53］Xu et al. , 2007. "Forest Transition, its Causes and Environmental Con-
sequences：Empirical Evidence from Yunnan of Southwest China". *Tropical
Ecology* 48（2）：137 – 150.

［54］Zhang, Y. , Tachbana, S. , and Nagata, S. , 2006. "Impact of Socio-e-
conomic Factors on the Changes in Forest Areas in China". *Forest Policy and
Economics* 9：63 – 76.

［55］Zoomers, A. 2010. "Globalisation and the Foreignisation of Space：Sev-
en Processes Driving the Current Global Land Grab". *J Peasant Stud* 37：
429 – 447.

［56］陈丽珠：《习近平同志五次长汀行》，《福建党史月刊》2015 年第
8 期。

［57］周主贤：《中国特色生态文明建设的理论创新和实践》，《求是》

2012 年第 19 期。

［58］（明）解缙总编纂：《永乐大典》第 4 册，中华书局 1986 年版。

［59］（明）邵有道总撰：《天一阁明代方志选刊续编：嘉靖汀州府志》，上海书店出版社 1990 年版。

［60］（清）曾曰瑛修，李绂纂：《乾隆汀州府志》，王光明、陈立点校，陈叔侗审校，方志出版社 2004 年版。

［61］（宋）胡太初修，赵与沐纂：《临汀志》，福建人民出版社 1990 年版。

［62］［美］奥斯特罗姆·E：《公共事务的治理之道：集体行动制度的演进》，上海译文出版社 1990 年版。

［63］白杨、黄宇驰、王敏、黄沈发、沙晨燕、阮俊杰：《我国生态文明建设及其评估体系研究进展》，《生态学报》2011 年第 20 期。

［64］蔡丽平、刘明新、侯晓龙、吴鹏飞、陈苏英：《长汀强度水土流失区不同治理模式恢复效果的灰色关联分析》，《中国农学通报》2014 年第 1 期。

［65］蔡丽平、刘明新、侯晓龙、吴鹏飞、马祥庆：《长汀县崩岗侵蚀区不同治理模式植物多样性的比较》，《福建农林大学学报》（自然科学版）2012 年第 4 期。

［66］蔡骅：《历史上汀江流域的地理环境——客家形成的自然背景考》，《陕西师范大学学报》（哲学社会科学版）2007 年第 3 期。

［67］曹文志：《生态学指导下的福建畜牧业可持续发展战略》，《福建师范大学学报》（自然科学版）1996 年第 1 期。

［68］陈雷：《大力推广长汀经验扎实做好水土流失治理工作》，《中国水土保持》2012 年第 6 期。

［69］陈志彪：《花岗岩侵蚀山地生态重建及其生态环境效应》，福建师范大学，博士学位论文，2005 年。

［70］陈志彪等：《花岗岩红壤侵蚀区水土保持综合研究：以福建省长汀县朱溪小流域为例》，科学出版社 2013 年版。

［71］狄金华：《通过运动进行治理：乡镇基层政权的治理策略对中国中部地区麦乡"植树造林"中心工作的个案研究》，《社会》2010 年第 3 期。

［72］董会梅：《河北省平原沙荒区经济林发展研究》，河北农业大学，硕

士学位论文，2009 年。

[73] 冯仕政：《中国国家运动的形成与变异：基于政体的整体性解释》，《开放时代》2011 年第 1 期。

[74] 福建省长汀县地方志编纂委员会：《长汀县志》，生活・读书・新知三联书店 1993 年版。

[75] 福建省长汀县地方志编纂委员会：《长汀县年鉴（2004—2011）》，福建长汀县政府内部资料，2014 年。

[76] 福建省长汀县地方志编纂委员会：《长汀县志（1988—2003）》，中华书局 2006 年版。

[77] 福建省龙岩市政协文史和学习委员：《闽西水土保持纪事（1940—2012）》，福建长汀县政府内部资料，2013 年。

[78] 长汀县统计局、国家统计局长汀调查队：《长汀统计年鉴》（2012），内部资料。

[79] 谷树忠、胡咏君、周洪：《生态文明建设的科学内涵与基本路径》，《资源科学》2013 年第 1 期。

[80] 郭晓敏、牛德奎、刘苑秋、杜天真、肖舜祯、叶学华：《江西省不同类型退化荒山生态系统植被恢复与重建措施》，《生态学报》2002 年第 6 期。

[81] 郭晓鸣、廖祖君、付娆：《龙头企业带动型、中介组织联动和合作社一体化三种农业产业化模式的比较——基于制度经济学视角的分析》，《中国农村经济》2007 年第 4 期。

[82] 何承耕：《多时空尺度视野下的生态补偿理论与应用研究》，福建师范大学，博士学位论文，2007 年。

[83] 何圣嘉、谢锦升、杨智杰、尹云锋、李德成、杨玉盛：《南方红壤丘陵区马尾松林下水土流失现状、成因及防治》，《中国水土保持科学》2011 年第 6 期。

[84] 何圣嘉、谢锦升、曾宏达、田浩、周艳翔、胥超、吕茂奎、杨玉盛：《红壤侵蚀地马尾松林恢复后土壤有机碳库动态》，《生态学报》2013 年第 10 期。

[85] （民国）黄恺元等修，邓光瀛、丘复等纂：《中国地方志集成・福建府县志辑 35：民国长汀县志》，上海书店出版社 2000 年版。

[86] 黄联辉、戴志坚：《闽西客家民居的形态成因浅析》，《福建建筑》

2009 年第 3 期。

[87] 黄勤、曾元、江琴：《中国推进生态文明建设的研究进展》，《中国人口·资源与环境》2015 年第 2 期。

[88] 黄素兰：《抓住机遇，做大长汀县水土流失区杨梅产业》，《亚热带水土保持》2006 年第 2 期。

[89] 江洪：《长汀县水土流失遥感监测及其生态安全评价》，福州大学，硕士学位论文，2005 年。

[90] 解振华：《深入学习贯彻党的"十八大"精神，加快落实生态文明建设战略部署》，《中国科学院院刊》2013 年第 2 期。

[91] 兰思仁、戴永务：《生态文明时代长汀水土流失治理的战略思考》，《福建农林大学学报》（哲学社会科学版）2013 年第 2 期。

[92] 兰思仁：《生态文明建设背景下的水土流失治理模式创新》，厦门大学出版社 2013 年版。

[93] 蓝勇、黄权生：《燃料换代历史与森林分布变迁——以近两千年长江上游为时空背景》，《中国历史地理论丛》2007 年第 2 期。

[94] 李凌超、刘金龙、许亮亮：《2012. 森林转型——一个文献综述》，《林业经济》2012 年第 10 期。

[95] 李荣丽、陈志彪、陈志强、张晓云、郑丽丹、王秋云：《基于 BP 神经网络的流域生态恢复度计算——以福建长汀朱溪小流域为例》，《生态学报》2015 年第 6 期。

[96] 李怡：《林业经营方式的多维取向与效率关联：广东个案》，《改革》2013 年第 8 期。

[97] 林晨、周生路、吴绍华：《30 年来东南红壤丘陵区土壤侵蚀度时空演变研究——以长汀县为例》，《地理科学》2011 年第 10 期。

[98] 林娜、徐涵秋、何慧：《南方红壤水土流失区土地利用动态变化——以长汀河田盆地区为例》，《生态学报》2013 年第 10 期。

[99] 林文清：《汀州林氏家庙》，《古韵汀州》2013 年第 4 期。

[100] 林文清：《三洲水土流失的治理历程》（http：//bbs. ctw. cn/read-htm-tid-353032. html）。

[101] 刘璨、吕金芝：《中国森林资源环境库兹涅茨曲线问题研究》，《制度经济学研究》2010 年第 2 期。

[102] 刘金龙、张译文、梁茗、韦昕辰：《基于集体林权制度改革的林业

政策协调与合作研究》,《中国人口、资源与环境》2014年第3期。

[103] 卢春英、刘昌营、郑建英等:《长汀县国家现代林业示范县建设现状及对策》,《现代农业科技》2013年第12期。

[104] 吕一河、傅伯杰、陈利顶:《生态建设的理论分析》,《生态学报》2006年第11期。

[105] 毛艳凤、李柏章:《从水土保持概念浅析水土保持方案中存在的问题》,《水利科技与经济》2006年第4期。

[106] 〔美〕孟泽思:《清代森林与土地管理》,中国人民大学出版社2009年版。

[107] 牛文元:《生态文明的理论内涵与计量模型》,《中国科学院院刊》2013年第2期。

[108] 渠敬东、周飞舟、应星:《从总体支配到技术治理——基于中国30年改革经验的社会学分析》,《中国社会科学》2009年第6期。

[109] 史兵:《孙中山先生的祖籍与客家渊源——孙中山的祖居地汀州河田》,《古韵汀州》2013年第3期。

[110] 舒扬:《一代贤令千古事》,《古韵汀州》2013年第4期。

[111] 孙立平、王汉生、王思斌、林彬、杨善华:《改革以来中国社会结构的变迁》,《中国社会科学》1994年第2期。

[112] 王珂:《经济增长、减贫和中国森林增长》,硕士毕业论文,中国人民大学,2013年。

[113] 王昭艳、左长清、曹文洪、杨洁、徐永年、秦伟、张京凤:《红壤丘陵区不同植被恢复模式土壤理化性质相关分析》,《土壤学报》2011年第4期。

[114] 武国胜、林惠花、朱鹤健:《基于马尔柯夫模型的福建长汀土壤侵蚀动态预测》,《福建师范大学学报》(自然科学版)2011年第1期。

[115] 谢重光:《唐宋时期南方民族关系的新格局》,《浙江学刊》2004年第5期。

[116] 许亮亮:《基于面板数据模型的我国森林转型影响因素的实证研究》,硕士学位论文,中国人民大学,2012年。

[117] 荀丽丽、包智明:《政府动员型环境政策及其地方实践——关于内蒙古S旗生态移民的社会学分析》,《中国社会科学》2007年第5期。

[118] 杨人群、卢程隆、李时馨:《福建长汀河田土壤侵蚀的研究Ⅱ.河

田土壤侵蚀与侵蚀土壤》，《福建农学院学报》1981 年第 3 期。

[119] 杨庭硕、罗康隆、潘盛之：《民族、文化与生境》，贵州人民出版社 1992 年版。

[120] 曾宏达、徐涵秋、谢锦升、黄绍霖、陈文惠：《红壤侵蚀区马尾松林碳储量估算的遥感植被指数选择——以长汀河田地区为例》，《地理科学》2014 年第 7 期。

[121] 曾月娥、伍世代、王强：《南方丘陵生态脆弱区生态文明区划探讨——以长汀县为例》，《地理科学》2013 年第 10 期。

[122] 张克中、王娟、崔小勇：《财政分权与环境污染：碳排放的视角》，《中国工业经济》2011 年第 10 期。

[123] 张佩国：《共有地的制度发明》，《社会学研究》2012 年第 5 期。

[124] 张若男、郑永平：《长汀县水土流失治理与区域综合开发研究》，《安徽农学通报》2013 年第 4 期。

[125] 张晓红、黄清麟：《森林景观恢复研究》，中国林业出版社 2011 年版。

[126] 珍妮弗·R. 麦克莱肯、斯图尔特·马吉尼斯、阿拉斯泰尔·萨瑞：《森林景观恢复手册》，秦永胜、李昆、郝亦荣、李峰编译，国际热带木材组织，世界自然保护联盟中国联络处，2007 年。

[127] 郑传英：《福建省长汀县油茶产业现状调查与发展对策》，《亚热带水土保持》2010 年第 3 期。

[128] 钟德田：《银杏生态园建设标准化的探讨》，《标准生活》2012 年第 5 期。

[129] 朱鹤健、陈志彪、林惠花、何承耕、刘强、毕安平、岳辉：《长汀县水土保持研究》，科学出版社 2013 年版。

[130] 朱鹤健：《我国亚热带山地生态系统脆弱区生态恢复的战略思想——基于长汀水土保持 11 年研究成果》，《自然资源学报》2013 年第 9 期。

[131] 左停、旷宗仁、徐秀丽：《从"最后一公里"到"第一公里"——对中国农村技术和信息传播理念的反思》，《中国农村经济》2009 年第 7 期。

[132] 俞可平：《科学发展观与生态文明》，《马克思主义与现实》2005 年第 4 期。

[133] 仝志辉、温铁军：《资本和部门下乡与小农户经济的组织化道路——兼对专业合作社道路提出质疑》，《开放时代》2009 年第 4 期。

[134] 连米钧：《水土流失概念及水土流失强度分级标准》，《水土保持科技情报》2001 年第 1 期。

[135] 岳辉、曾河水：《等高草灌带在长汀水土流失治理中的应用与成效》，《亚热带水土保持》2007 年第 1 期。

[136] 刘孝盈、陈月红、汪岗、杨爱民：《参与式水土保持规划的内容及实施程序》，《中国水土保持》2003 年第 1 期。

[137] 荣开明：《党的十六大以来的生态文明建设思想》，《江汉论坛》2011 年第 2 期。

[138] 卢程隆、杨人群、李时槃：《福建长汀河田土壤侵蚀的研究 I. 河田土壤侵蚀因素的调查研究》，《福建农学院学报》1981 年第 2 期。

[139] 汤景明、翟明普、付林胜：《森林植被恢复研究进展》，《湖北林业科技》2012 年第 3 期。

[140] 丘海雄、徐建牛：《市场转型过程中地方政府角色研究述评》，《社会学研究》2004 年第 4 期。

[141] 黎镐鸿：《长汀县农村能源节约利用现状分析及发展思路》，《福建能源开发与节约》1996 年第 4 期。

[142] 杨海生、陈少凌、周永章：《地方政府竞争与环境政策——来自中国省份数据的证据》，《南方经济》2008 年第 6 期。

[143] 彭舜磊、赵迎春：《为什么我国森林覆盖率逐年提高而水土流失和荒漠化却日益严重》，《环境保护》2001 年第 10 期。

[144] 郑逸芳、马梅芸、孙小霞、苏时鹏、黄森慰：《改革前后林业经营方式变化比较分析——以闽浙赣为例》，《林业经济》2011 年第 11 期。

[145] 李时盘：《河田水土保持工作的回顾》，载福建省龙岩市政协文史和学习委员会《闽西水土保持纪事（1940—2012）》上卷，福建长汀县政府内部资料，2013 年。

后　记

2012 年夏，应福建省林业科学院李建民院长的邀请第一次访问长汀，就被长汀异样的特质深深吸引。一种使命感催使我不断增加投入，最终将林业与资源政策研究中心最精华的力量投入到长汀经验的总结中来。在这个过程中，我一再告诫自己，长汀经验不只是中国的，她可以是世界的。站在人类历史长河中，我们应当看到这个时代正处于转型之中。这样的转型不能只看到 30 年社会经济与资源环境的协调发展，要看到 300 年近代人类思想变迁的周期，更要看到 3000 年人类文明演替的规律。

然而，坦诚地说，我没有足够的学术能力预测人类未来 30 年，更无胸怀和智慧揣摩人类未来发展的 3000 年。我一直告诫自己、要求我的学生和同事们立足于现实，扎根于长汀生态建设的 30 年，寻求一些启示，为走向未来添砖加瓦，而不是为未来建构出人类与自然的关系模式。我也强烈反对任何企图对人类社会未来的建构，尤其是当下中国流行的新自由主义学派对中国发展的建构。从资源和环境角度理解人类历史和未来，这个星球上的所有人都需要冷静，尤其是新自由主义学派需要认真思考这个星球能够存在的条件。人类只有在这个星球存活下来，才谈得上人性的自由、解放，才能谈及人的价值，人类存在的意义。

中国正缔造森林植被恢复的神话

巴西里约热内卢，迪居甲国家公园（Tijuca National Park），来自世界各地的学者、官员、公民组织的代表齐聚于此，怀念堂·彼得罗二世国王（King Don Pedro II）和工程师 M. G. 阿彻（M. G. Archer）的丰功伟绩，分享巴西森林恢复的精神、思想和技术成就。如今的迪居甲国家公园，占地面积达 3200 公顷，山峦耸立，逶迤绵延，层峦叠嶂，溪流绕岸，瀑布挂落，森林翠绿茂盛，游人在此可寻幽探秘，感受大西洋雨林的神奇和人

类的渺小。大西洋森林曾经如俄罗斯，一望无际，而迪居甲国家公园仅如
一只北极熊毛绒玩具而已。创造了现代性的欧洲人渡过了大西洋，踏上了
美洲大西洋沿岸，来到了迪居甲，森林被清除，种上了咖啡树和甘蔗。大
西洋沿岸森林的毁灭导致里约城市饮用水的困难，引起了堂·彼得罗二世
国王的担忧，下令禁止继续砍伐雨林，将大西洋雨林的最后一部分保留了
下来。1861 年，工程师 M. G. 阿彻开始在国家公园内植树，迪居甲国家
公园是原始大西洋雨林和人工重新造林结合而成。

比起中国的森林恢复实践，迪居甲国家公园很袖珍，它只是长汀县植
被恢复面积的 2%。然而，中国伟大的植被恢复，显得那样的寂寞，那样
的朴实无华，却又是实实在在。过去的 30 年，中国森林面积增长了约 1
亿公顷，而同期世界其他国家森林面积减少了 4 亿公顷。多数西方官员和
学者一直在疑惑中国何以取得如此的成就：是真的吗？在怀疑声中还制造
了一些杂音：中国在转移环境风险，中国是世界"非法采伐"的集散地。
少数西方学者试图解释中国植被恢复。然而他们失望了，在西方学者眼
中，中国治理体系混乱、腐败丛生、林权不清、公民社会发育迟缓、林区
贫困、政策失灵、环境服务市场落后，由此得出的结论只能是森林被清
除、退化。不管用西方发明的什么理论来解释，中国都不可能取得如此的
成就。我曾带着一批又一批的西方学者，从云贵高原到东北平原，从东海
之滨到苍茫草原，考察中国森林恢复事业。他们常发出这样的疑问，甚至
这样认为——在如此恶劣的环境中，为什么要恢复森林植被，投资有回报
吗？"那只能来源于人民的税收，这样的土地难以获得经济回报"。"好
了，只有像中国这样的强势政府，才能不顾人民消费（福利）的增长，
投资于无经济回报的事业"。我答道："改善生态也是人民的期盼，生态
的改善就是民生（福利）的组成部分。我们的人民深深爱着这片土地，
五千年的文明塑造了一个善待土地、敬畏自然的民族。"作为一个学者，
我深知这样的理由不足以让西方人理解 30 多年中国波澜壮阔的植被恢复
之旅。

在燕郊下，长城将悬崖峭壁上耸立的一个又一个烽火台连接起，蜿蜒
万里。一行不同肤色的同行们承认：西方人文社科理论失去了魅力，中国
植被恢复的理论精髓在于民族性：政府领导、国民纪律和社会动员能力。
非儒家文化区的民族只有羡慕，而无法学习。

30 多年来，中国社会经济发生了深刻的变化。一批唯市场论者常常

指责林业战线为"计划经济的最后一个堡垒"。林业部门发动了林权改革的政治运动，将林权证换成了漂亮的、能流通的本本，得到了集体林权制度改革是"新阶段改革的第一声春雷"的赞誉。这确实增加了林业部门的曝光度，然而并没有推动或者拖延中国森林植被恢复的步伐。归根到底，知识要被承认，成为普世的知识，需要对话，需要同时能被西方人和中国人理解。

感谢长汀县人民，感谢长汀经验的贡献者、实践者和管理者。他们为学者提供了一个极好的场地，让我们从人文社会视角与西方对话，从一个案例出发，理解中国森林植被恢复的逻辑，贡献于中国新的文明探索之旅。

现代化与生态文明

人类的祖先偏好脚踏实地，因而进化成上肢灵活而下肢发达，上肢强壮不足，难以搏击长空，自由飞翔。作为这个星球最智慧的动物，人类酷爱幻想。基督教堂里，天使长了翅膀，萌发了启蒙主义，为人类带来了工业化、信息化、全球化和现代化。从欧洲出发，飞翔在非洲、美洲、大洋洲，最终征服了历史悠久、文明璀璨、人口稠密、一直在安详沉睡的亚洲。民主、市场、法制、人权、自由成为普世价值。民主政治、市场经济、市民社会是现代性的内容。然而，这个世界已经悄悄尊重起多元的理解，即使在西方，反民主政治、反市场经济和反市民社会同样被认为是现代性的组成部分。

工业革命为人类接上了飞的翅膀，400年来，人类庆祝一个又一个胜利，正享受力量、自由、物质和自然能够赋予人们的一切，这一切又不断激发人们的贪欲、奢靡和征服欲。美国、欧洲率先实现了工业化，然而与之相伴的是《寂静的春天》、《自然之死》、《自然的终结》。过去100年的中国，在饱受工业化产物——坚船利炮之苦难后，昂首挺进了工业化的后期阶段。然而，回到儿时的乡村，野兔、鱼群不见了踪迹，河流不再流动，只有几株芦苇在寒风中颤抖。家乡的自然已经丧失了独立性，家乡的土地除了用化肥和农药制造出卡路里外，没有了生生不息的生命。麦克基本在《自然的终结》中写道："风的意义、太阳的意义、雨的意义，以及于自然的意义都已经与以往不同。"

我们在欢呼工业文明带来财富和欲望的同时，必须注意到这样的一个事实：在人类中心主义观念的支配下，自然规律正受到忽视，自然正在哭泣！在人类中心主义的支配下，人就是这个地球的主人，而自然成为人类的附庸，自然被人类任意地安排。而强势的人群，无论拥有资本还是权力，更有资格、更有能量蹂躏自然。这个社会的精英集团不断向弱势人群申明：这是我的努力！鼓励努力就是现代社会基本价值的重要内容，敬畏只是懦夫的特质。

人类已经到了一个新的十字路口。工业文明没有错，追求美好生活没有错，坚持"以人为本"的愿望执政、从商和建设，发展经济同样没有错。问题是我们正在走向毁灭自然，最终人类也将毁灭自己。常言道：生不带来，死不带走。人和世间万物一样，是自然的一部分，最后归宿是回到尘土中去。到了该反思基于人类中心主义自然观的时候了。

中华民族是善于纠错的民族，敢于撞了南墙就回头。在一个正式制度健全的国家，怎么也理解不了"摸着石头过河"的魔力。在长江洪水以及其他频发的自然灾害面前，中国回答：我们进入了生态建设的时期。这类似于西方环境主义指导下的自然资源管理实践。环境主义思想来自"弱人类中心主义"或"新人道主义"，在意识到自然环境日趋恶化并威胁到人类生存之后，主张为了人类持久生存和可持续发展，维护子孙后代的基本权利，合理利用环境资源，将人类内部的伦理关系延伸至动物、植物和无机环境。生态建设，人去建设被破坏了的生态，还是基于人类中心主义的观念，坚持二元论，将人与自然区分开来。

英国生态学家，亚瑟·乔治·坦斯利爵士（Sir Arthur George Tansley）认为：Ecosystem is the whole system。生态学的鼻祖欧德姆（E. P. Odum）认为，生态学应把生物与环境看作一个整体来研究。在生态学中，任何一个物种既是中心，又是其他物种的环境成分，没有一个物种具有始终不变的中心位置。唯有生态系统才是最重要的、至高无上的。从事人文社科研究的人，总是以人类和人类社会为研究对象，必然会导致将人居于思考的重心和价值的中心，将人类与自然置于二元对立的位置。笛卡尔在《方法论》中明确指出，在人与自然关系上的二元论的思想指向就是控制和改造自然（环境）。

我个人认为，生态文明的逻辑起点必须超越二元论，建立生态整体主义，以生态系统的整体利益作为最高价值，而不是把人类的一己之私作为最高价值。以这样的价值取向来塑造经济建设、社会建设、制度建设和文化建设。我们必须认识到：没有生态系统的持续存在，就没有人类社会；

没有生态系统的和谐，就没有人类社会的和谐。走向生态整体主义，是生态文明的底色。生态系统的持续、稳定、和谐是这个星球的终极价值。在新的起点上，各民族都处在同一起跑线上，这是一个没有跑道的场地，没有规则的空间，无所谓胜利者，更没有赢者通吃的奖励。赢了，是这个星球的荣耀；输了，则人类拽着这个星球走向毁灭。

我们应当给环境主义者、人类中心论者以掌声，他们为人类之旅丰富了内涵，积累了知识，修养了身心。我们同样感激二元论者，他们为人类安上了理想的翅膀，认识到人类巨大的潜能，并展示出来。我们应当坚信，这些不是现代性的全部，我们面临的挑战前所未有，攸关这个星球的生和死。这个星球上所有的人都有责任去贡献自己的力量，完善现代性的内涵。

长汀县正走向生态文明

如果只是东亚民族性——政府领导、公民纪律和社会动员能力，那么，它同样能够带来生态灾难。曾经广为流传的"人定胜天"，"与天斗，其乐无穷；与地斗，其乐无穷"，"让高山低头，要河水让路"，"大地园林化"等口号背后的逻辑，是按照自己的主观意愿改造自然，或者在美化自然的口号下，希望自然能够最大限度地服务于人类。在长汀生态建设旅程中，强有力的政府领导、公民纪律和社会动员能力在其中发挥着至关重要的作用，成就了世纪之交中国特色的森林植被恢复经验。

我们要进一步挖掘传统文化与山水的紧密联系，在生态文明建设中体现中华民族"天人合一"的理念和中华儿女艰苦奋斗的优秀品质，进一步实现传统文化与近现代工业文明的有效结合。长汀人民是生态建设的主力军，是技术知识、生产、生活和文化的持有者和实践者。生态文明建设必须和乡村发展紧密联系，需要通过制度建设密切社区居民和森林的联系，促进农民积极参与森林经营活动并受益。生态文明建设不能只是工程，需要增强与当地人的文化、生活、情感联系，增强全社会的参与和共享。

长汀蔚然成为一个发展特区，开辟了一条通向亲自然的社会经济发展道路。在长汀，生态文明的理念已经融入到当地经济建设、社会建设、政治建设和文化建设中。从长汀水土流失治理与生态建设看我们的生态建设，长汀人民听到了党中央的发令声，起航了，从生态建设大踏步走向生态文明建设。

相比于长汀经验的贡献者、实践者和管理者，我只是感到羞愧，因为我对长汀的过去毫无贡献。我深知，不能苛求所有已经创造了奇迹的人们，他们在行动就很伟大。长汀县的生态建设成就已经举世瞩目，我们也期待着长汀县未来能按照尊重自然、顺应自然、保护自然的理念，把生态文明建设融入经济建设、政治建设、文化建设、社会建设各方面和全过程中去，在生态文明建设实践中再创丰碑！

致　　谢

本书是集体劳动的成果。福建省林业科学研究院李建民研究员参与了本研究的策划。中国人民大学龙贺兴博士主要负责基层治理体系和治理能力建设的研究，并参与撰写第6、7、8和第13章。涂成悦博士负责森林景观恢复视角的研究，参与撰写第1、3、4、5和第9章。李凌超博士负责森林转型的研究，并参与撰写第2、10、11章。张明慧博士研究生负责森林文化研究，参与第12章的撰写。福建省林业科学研究院洪志猛高级工程师、汤行昊工程师，福建农林大学董加云博士，中国人民大学博士研究生曾小溪、傅一敏，硕士研究生陈奕钢、刘博雅、梁文远、孟园，本科生薛惠丹等参加了野外调研和资料收集工作。

整个研究过程得到了中共龙岩市委书记梁建勇先生、龙岩市委办刘友洪先生、中国人民大学副校长洪大用教授、国家战略和发展研究院执行院长刘元春教授、中国人民大学校友办主任郭海鹰教授的情切关怀和指导。田野调查工作得到长汀县委县政府的关心和支持，时任福建省长汀县副县长钟炳林，长汀县林业局局长巫成火、副局长吴东来，县绿化办罗玉泉高级工程师，长汀县水保局局长林豫峰、副局长岳辉，长汀县水土保持站站长彭绍云，长汀县林业局林业科技推广中心主任范小明、长汀县第二中学副校长林文清等参与了野外调研和研究工作。我们于2013年7月、2014年4月、7月走访了长汀县林业局、水保局、政协、统计局、档案馆等县直单位的相关科室，感谢这些单位领导和工作人员与我们分享了在水土流失治理一线的宝贵的工作感悟和人生信念。在他们的引荐下，调研人员深入乡镇的村庄，通过近距离、深入的调查，增加了研究的深度。我们选择了河田镇露湖村、河田镇伯湖村、策武镇南坑村、红山乡赤土村、童坊镇彭坊村、濯田镇连湖村、铁长乡芦地村、南山镇邓坊村这8个村庄以及三洲镇万亩杨梅基地，水土保持科教园，中石油马尾松示范基地等展开田野调研，以进行概括比较，增加研究的广度。对当地的乡镇政府工作人员，林业站、水保站站长，护林员、水保员，各村的村干部、农民，造林大户、经济林种植大户等进行了深度的访谈。我们还拜访了落户于长汀的福建省艳阳农业开发有限公司、东源林业有限公司、厦门树王有限公司等林业企业，长汀凌志扶贫协会、绿源毛竹专业合作社、三洲杨梅协会等团体组织的代表共计深度访谈 150 余位，考察不同人群的观点和看法，将不同研究对象或多个研究点对同样问题的回答进行佐证验证。在龙岩市有关部门的组织下，邀请了龙岩市水利局调研员谢小东、副调研员卢晓香，龙岩市林业局教授级高工张盛钟、工程师邱禄辉，长汀县水保局局长林豫峰，长汀县水保站站长彭绍云、长汀县林业局副局长吴东来审阅了全部书稿，并提出了许多修改意见。他们是长汀县艰苦卓绝治理水土流失历程中的代表，长期奋斗在长汀县生态建设的第一线。他们勤于思考、勇于探索，无怨无悔。与他们相处，让我们找到了精神上的力量，在平淡中坚守，在敬畏自然中有为，在任劳任怨中追索。与他们交流，燃起了我们学术思索的火花。感谢他们！

我坚信：学术乃人生之感悟！本书基本思想是以我的感悟为基础的。我的感悟不见得就是真理，甚至还会出现谬误。书中所有瑕疵和谬误，均因我的学识浅薄、眼见短促和固执己见。如若文字不小心伤害到为长汀生态建设事业作出贡献的人们，还望包涵。敬请慧识者多多提出宝贵意见。

刘金龙

2015 年 8 月 8 日于明德主楼